さようなら原発の決意

Kamata Satoshi
鎌田 慧

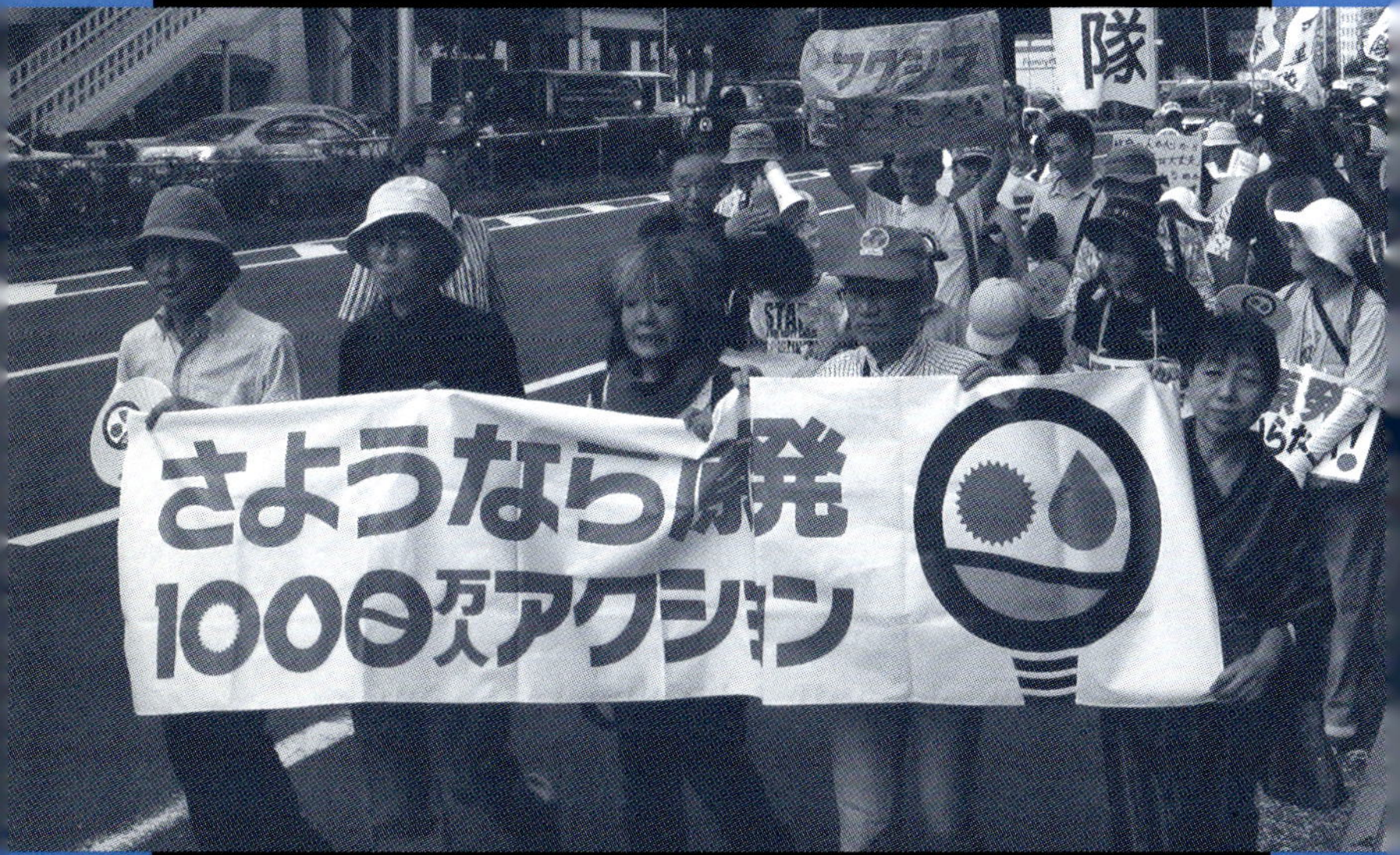

創森社

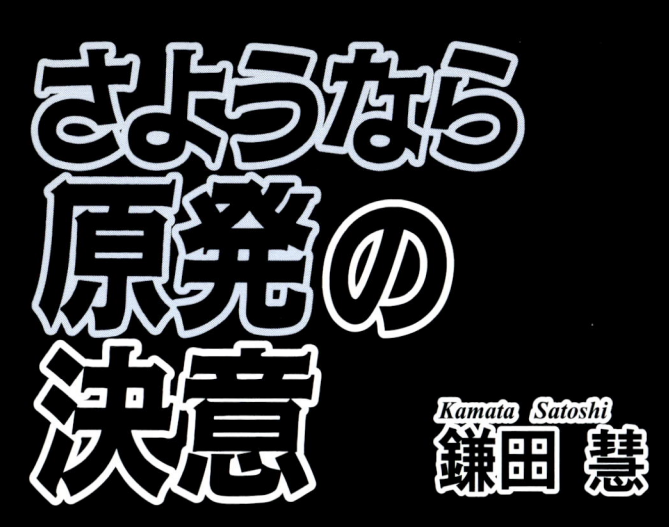

原発再稼働への抗議行動の広がり～序に代えて～

東京電力福島第一原子力発電所の破壊された原子炉四基が、このまま無事に廃炉を迎えるかどうか、その保証はまだなにもない。溶融した核燃料棒はいまだ制御不能、原子炉と燃料プールの中がどんな状態なのかは不明である。

福島原発のことだけではないが、もう一度、大地震がきたらどうなるのか。まるで時限爆弾を抱えているような不安である。津波だけが恐怖なのではない。それでも野田首相は大飯《おおい》原発の再稼働を決めた。「国民生活を守る。わたしがよって立つ唯一の絶対の判断の基準だ」「わたしが責任をもつ」という。

説得性はまったくない。原発事故にどんな責任が取れるのか。だれも責任を取っていないのが、いまの状況ではないか。取れもしない「責任」を取るというのは、ペテン師の虚辞である。原発依存の「国民生活」など、もう真っ平《ぴら》だ、というのが、「国民」多数の意見なのだ。

原発五四基の全停止（そのうち福島四基は壊滅）の状況がつづいている。各地の原発の使用済み核燃料プールの動静が心配だが、それでもまがりなりにも平和である。原発がなくても、なんら生活には痛痒を感じていない。この生活が本当の生活で、原発が稼働している状態が異常だったのだ。五四基の原発がまったく稼働していない生活の継続が明らかにしたのが、原発がなくても生活になに不自由もない、という真実である。そして原発がある社会がいかに不安な生活だったか、という安心感である。

原発がある社会とは、いかにもフィクショナルな社会だった。原発がなければ生きていけない、といわれていたけれど、原発がなくともなんでもない、ということがわかったのだ。たとえば、DV（ドメスティック・バイオレンス）男のように、いなくなれば平和に暮らせるのだ。原発のない社会が、いかに真っ当な社会だったことか。このようやく巡りきた平穏が、このまま長引くのに恐怖したのが、電機、電力、鉄鋼、重工、ゼネコンなど、原発利権産業である。

その代表者である、米倉弘昌経団連会長は、事故直後でも、「原子力行政はもっと胸を張るべきだ」と号令をかけていた。原発の存在は彼らにとって、算盤《そろばん》計算の虎の子でしかない。その企業の経営者と癒着している電力労連の幹部（東電出身）たちは、忠誠心からか、「裏切った民主党員は報復される」とヤクザもどきの脅迫的言辞を公式の場で吐いた。実際、脅かされている、という民主党議員の発言をわたしは聞いている。

「脱原発依存」を閣議決定していたはずの民主党政権は、いつのまにか、「原発は重要な電力源」（野田首相）と言い直すようになった。

東電福島原発事故は、「放射能放出事件」とか「放射能バラ撒き事件」というべき犯罪事件である。たしかに、オウム真理教の「地下鉄サリン事件」のように、犯意に基づいた犯行ではないにしても、それまで福島第一原発の危険性は高い、と指摘されていながら、コストがかかると無視してきたのだから、その「不作為性」、あるいは「未必の故意」は追及に価する。

もう時代も変わって、チッソやJR西日本のような、コストと人命を外部に負担させ、公害や交通事故を発生させた非人道経営者の責任が、これから問われずにすむ時代ではない。

各地の原発建設は、餌付けのように、カネをバラ撒くことからはじまった。「先進地視察」という買収旅行。地域の人たち全員を招待旅行へ動員、二泊三日、飲み食いタダ。一〇回以上もいった豪の者もいる。

土地買収にともなう政治家のリベート（柏崎・刈羽《かりわ》原発での田中角栄の例が有名）や村長選や村議選での買収工作、大は原子力関連産業の利益から、小は市長や市議、村議の縁戚による原発工事受注。なんと矮小な世界なんだろう。ブレヒトの『三文オペラ』のような世界。

大飯原発の再稼働は、県知事が首相官邸に呼ばれて決めた。これだけ重大なことが、少数の政治家だけの「責任」で決められるのが不思議である。国は自治体が受け入れてくれた、といい、自治体は「国が安全だといった」という。デキレースである。原発建設のときは、自民党政府と自民党支持の自治体首長との掛け合いだった。民主党政権でもまたおなじ手法である。

たしかに、原発立地地域で、原発に依存してきた商工業者（民宿やクリーニング屋やレンタカーやゼネコン）は、原発が稼働しなければ打撃が大きい。が、それは意識的に依存するような経済にしたからで、ほかの可能性（農業、エコツーリズム、地元産品の開発）を阻害してきたのだ。その復権にむけて国と自治体が予算措置をとればいい。

再稼働の必要性とは、「電力不足」である。ところが、これも原発建設の論理だった。「三〇年たったら、石油はなくなる。だから原発」

というウソは、その後「石油火力は温暖化に悪い」、「原発はクリーンエネルギー」。原発の存在自体が、フィクショナルなものだったことが、いま毎日証明されているのだが、説得の方便もウソだった。電力八月危機説が、NHKニュースを中心にした、原発再可動の宣伝だが、このウソは八月だけにしか通用しないことが明らかになると、日本経済の空洞化など、露骨な経済の話になった。

推進派の追い詰められた論理は、「カネと命の交換」。公害企業の論理に逆戻りしてしまったのである。七〇年代の公害反対のスローガンは、「公害の空の下のビフテキよりも青空の下でのおにぎり」などだった。死に至る繁栄よりも、身丈にあった経済生活を、である。電力を無限に使う時代は去ったのだ。

フィリピンのルソン島の捕虜収容所にいた大岡昇平は、米軍の「星条旗紙」を読んでいたので、日本本土が空襲を受けても、「国体護持」のために降伏しない天皇に批判を感じていた。若い兵隊で、「天皇がお身体を投げ出して、日本国をお助け下さい、と伊勢神宮にお祈りされたら神風が吹かんこともなかったろうに」と嘆いているのをみていた。敗戦前夜だった。

「五十年来わが国が専ら戦争によって繁栄に赴いたのは疑い容れぬ。して見れば軍人が我々に与えたものを取り上げただけの話である。明治十年代の偉人達は我々と比較にならぬ低い文化水準の中で、刻苦して自己を鍛えていた。これから我々がそこに戻るのに何の差し支えがあろう」（『俘虜記』）

「五十年来わが国が専ら原発によって繁栄に赴いた」かどうか。それでも、かつての軍人のように、電力会社が政権との利益共同体だったおこぼれを与えてきたのは、事実かもしれない。それがなくなっても、刻苦して生きていける。それが敗戦を眼の前にした、大岡の見通しだったし、決意だった。そしてそうなった。

ところが、野田内閣は軍閥同様ぐずぐずと「原発敗戦」を引き伸ばし、破局前の利益配分を最大の政治目標にして、徒らに被害をふやそうとしている。この責任は大きい。大岡は「天皇は有害である」と書いている。野田内閣は、こともあろうに、原発の憲法というべき、原子力基本法の民主、自主、公開（実際は、独善、従属、秘密だが）を定めた第二条に、いきなり「安全保障に資する」を挿入した。核武装の野望を明文化した重大決定である。

これについて、細野豪志原発事故担当相は、「自民党の修正で入った部分なので、政府として積極的に入れようということではなかった」と記者会見で弁明した。「語るに落ちる」。自民党は財界の傀儡《かいらい》政権だったとすれば、野田民主党は自民党の傀儡政権ということか。

毎週金曜日に、官邸前に集まっていた若者たちの数は日増しにふえ、四万を超えた。若者たちの解放感あふれる表情は、ますますふえることを予想させる。新宿アルタ前のデモも再開した。歴史に逆行し、市民への挑戦である「大飯原発再稼働発表」以来、市民の怒りのデモが急速に拡大している。

戦時中、厭戦気分が蔓延していたが、デモなどの抗議行動は考えられなかった。それが、いまとの最大のちがいである。

さようなら原発の決意●もくじ

原発再稼働への抗議行動の広がり～序に代えて～　1

日本の原発と関連施設地図　12

第1章　原発絶対体制の崩壊　13

原発拒絶の思想と運動　14

「推進派」となった、ある元町長の死　14
浪江小高原発を阻んだ農民　17
各地にあった住民運動　19
巻町の民主主義　21
原発がきて変わったこと　22
「原発絶対体制」の崩壊　24
人間的で自由な運動を　27

原発拒絶、そして反原発の連帯へ　29

反原発運動の四〇年　29
金の論理の獰猛さ　33
拒絶の思想　37
拒絶を貫くということ　39
連帯への回路を　42
脱原発へ――三つの課題　44
可視化された差別構造　47
過去から何を学ぶか　50

「原発絶対体制」の正体　52

原発集中立地の意味するもの　52　原発推進派の巻き返し　53
民主主義の対極にある「原発」　55　非科学的精神に汚染された「原発」　58
デマと隠蔽　59

第2章　原発被曝と差別構造　61

わが内なる原発体制　62
「毒まんじゅう」と「モルヒネ」　62　総力戦だった原発推進　66

原発はモラルに反している　68
なぜ原発に反対するのか　68　フィクションとしての原発　70
被曝労働は日本の労働構造を象徴している　72

オキナワとフクシマ　75
反対運動勝利も　75　少数犠牲の構図　77　5万人集会企画　78
「民主的」は欺瞞　80

原発は差別の上に建つ〜東電福島第一原発事故と原発の差別構造〜　81
反省を強いられた福島原発事故　81　柏崎・伊方の取材から始まった　83
お金で過疎地に押し付ける　84　被曝労働で電気をつくりだす　86
政官財の癒着で推進　88

対談　差別構造がないと原発は動かない　鎌田慧・樋口健二　89

危険だから下請け、搾取の構造　89
「日本には民主主義も優しさもない」　90
危険な場所で働く最下層の人たち　93
ＪＣＯ臨界事故でも因果関係を認めず　96
反対同盟委員長が推進派町長になる悲劇　97
先住民族や地域差別など世界的にある差別構造　99

第3章　報告　震災被災地から

101

鎮魂の桜～二ヵ月後の被災地・三陸海岸を歩く――102
生ぎろ気仙沼！　生ぎろ東北！――105
復興支援と自治体職員～大震災二ヵ月後の宮城・福島から～――109
巨大な力の痕跡、ただ祈るしかない　109
復興の夢を語るより今は復旧の方が大事　111
押し寄せる黒い水と子どもの心のケア　113
災害業務と仲間を守るための人的支援　116
組合活動とは人間的な連帯運動　118
単純ではない悲しい現実　120
昂揚感ととまどいと相互交流　122
緊急事態と労働者の権利　124
生きるための仕事、支えが必要　126
災害時の前線に自治体職員　128
雨の中で農作業する住民　130
復興・復旧にむけた公務労働～大震災6ヵ月後の宮城・福島から～――132
8ヵ月経っても全く先が見えない　135
災害をチャンスにしたビジネス横行の危機　138
毎日21時22時まで残業、休日出勤は当たり前　141
医療崩壊で戻るに戻れない　142

第4章 下北・伊方 原発阻止へ 147

「むつ」の放逐から下北原発阻止へ 148
むつ製鉄から「むつ」へ 148　原子力委員会の役割 153
「死ぬ時は原発にかぶりつきたい」 156　反対闘争の広がり 161

伊方――早すぎた原発 166
段々畑と原発 166　秘密主義とごまかし 167　科学技術の侵攻 169
四国電力と町の密約 171　原発基盤の脆さ 173　原発はまだ早い 174
呑ませ、食わせ、カネを包む 178　行政の闇と「原子の灯」 180
協力派から反対派へ 184　「町長はやられまっせ」 186

第5章 柏崎 原発拒絶の陣型 189

柏崎――原発反対闘争の原点をみる 190
根雪になった四年間の活動 190　〝地元の要請〟を創作した男 192
市長の奇妙な楽天主義 195　橋に刻まれた実力者名 198
住民投票は原発反対を明示 200　保守的ボスは追放された 203
反対同盟を構成する人々 206　石油危機の中で白熱化する攻防 208

守勢から反攻へ～柏崎原発反対闘争～ 211
呼びかけに応える人々 211　〝祭り〟としての団結小屋建設 216
霊験あらたかな「平和利用攻勢」と札束攻勢 218　ベトナムと柏崎 221
「トウフの上の原発」 223　危険な断層 226　「奉天命誅国賊」 228
全国の反原発運動の高みに 231

第6章　原発廃止アクション

235
原発と報道――その悲しい関係 236
〈一九七七年〉「黄金バット」はどこに～対決書評『核燃料』VS『ガラスの檻の中で』から～ 242
〈二〇一二年〉老いたカナリアから～35年ぶりの「原発」対論～ 246
記者はトンネルの先のカナリアのように 249
「汚い物」を洗浄、除染したテレビや新聞 252
相変わらずエリート的発想ですね～大熊由紀子さんへ～ 254
虚大・危険産業の落日 255
震災・原発とマスメディア～1000万人による反原発運動を～ 258
変わりつつある原発をめぐる動き 259　亀裂が生じた原発絶対体制 260
憲法第一世代から新しい世代までを 262　立ち入り禁止区域と原発取材 264
自立した市民運動として反原発へ 265

もくじ

「しまった！」という痛恨の思い　265
原発には出発から利権のキナ臭さ　267
再稼働に突進する政府、産業界　271
市民によるネットワーク形成　273

さようなら原発運動の精神～「3・11」以後を生きるということ～——274
埋めつくされた集会場周辺　274
足りなかった「拒絶する生き方」　276
被爆国・日本に輸入された原発　278
秘密、拙速、札束の三つが基本姿勢　280
「原爆と原発は違う」との宣伝　282
制御不能に陥る危険性　284
原発廃止で持続可能な生活に　286

◇原発はいらない！　さようなら原発10万人集会アピール　289
◇初出一覧　290
◇原子力関連年表　292
◇あとがき　302

デザイン——寺田有恒　ビレッジ・ハウス
撮影——樋口健二
写真協力——高 徳衣（自治労本部）
中村易世（日本有機農業研究会）
篠原孝国会事務所　樫山信也
資料協力——原子力資料情報室
校正——吉田 仁

日本の原発と関連施設地図

（2012年5月現在）

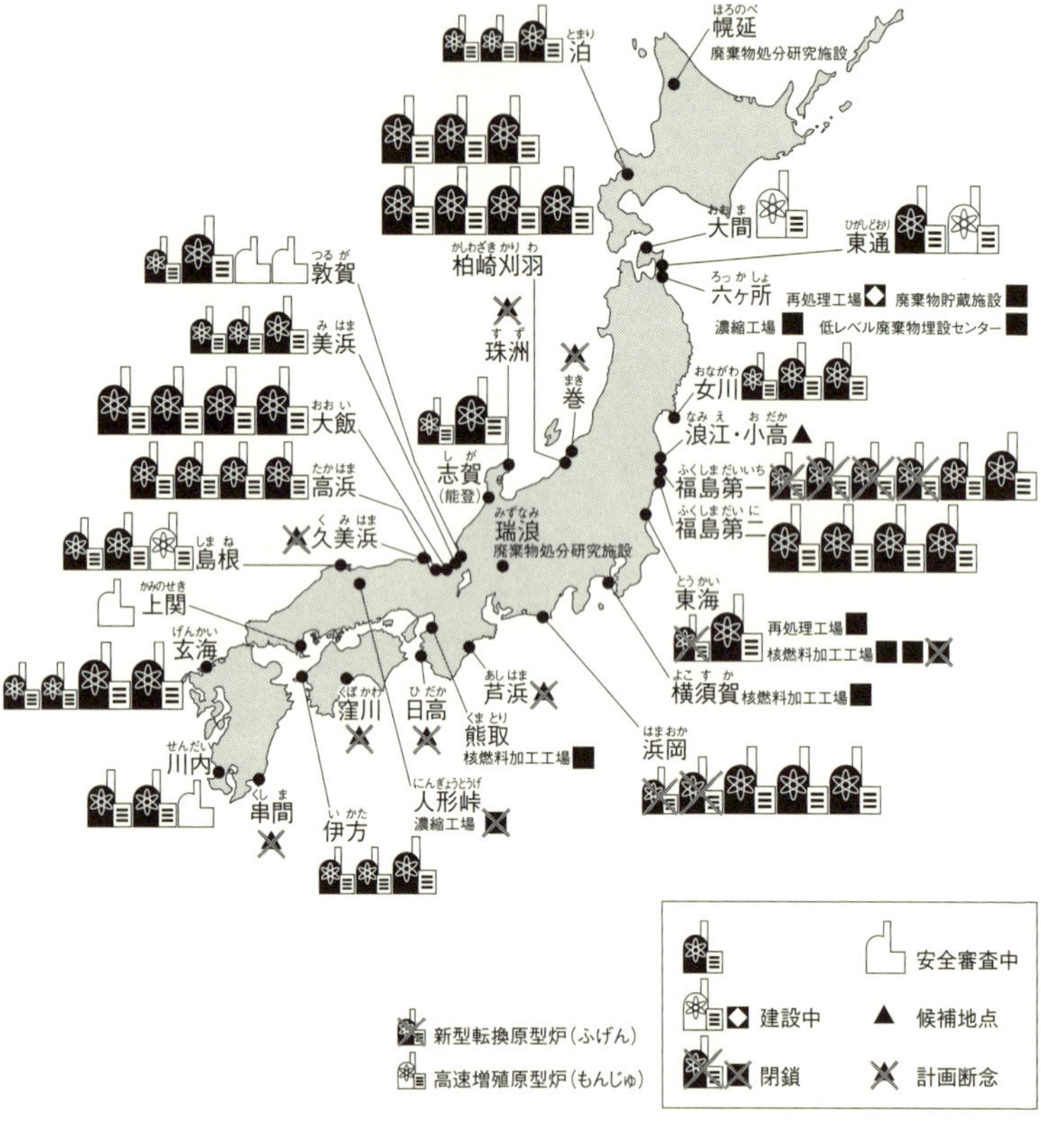

2012年５月５日、原発54基の全停止
2012年７月１日、大飯原発三号機が再起動
資料：原子力資料情報室

第１章

原発絶対体制の崩壊

太平洋に面した海岸線に原発が建ち並ぶ。
原発事故以前の東電福島第一原発（1979年５月）

原発拒絶の思想と運動

「推進派」となった、ある元町長の死

3・11から四カ月が過ぎても、東京電力福島第一原発事故は、終熄にほど遠い。住民と労働者に、将来、大量の被曝被害があらわれるのではないか、との予感に戦《おのの》きながら、わたしはこれまで見聞きしたさまざまな事例を、生々しく思い出している。

事故のあと、ときどき考えるようになったのが、岩本忠夫さんのことだった。岩本さんが福島県の県会議員だったときに、わたしは二度ほどお会いした記憶がある。彼は県議会で福島原発の事故隠しを追及して、議会の「懲罰委員会」にかけられたり、被曝労働者の問題を追及して、問題になったりしていた。彼は社会党系の反原発運動のリーダーだった。篤実な人格者で、わたしは親近感を感じていた。

が、つぎの選挙で、東京電力の選挙妨害に屈し、県議会を去った。そのあとも一回お会いした記憶がある。そのときは双葉町の町長になっていて、一転、賛成派となり、原発の増設を要求するようになっていた。その傷《いた》ましい軌跡を、わたしはときどき思いだしていた。

と、二〇一一年三月一一日、東北地方を大地震と大津波が襲い、いみじくも、岩本さんがかつて批判していたように凄惨な原発大事故が発生した。「転向」したあとに、昔の主張がブーメランのように返ってきたのだ。その過酷な現実に逢着して、岩本さんはどのように折り合いをつけているのか、それを伺ってみたいとの感慨があった。

つい最近、新聞を読んでいてわたしは目を疑った。

岩本　忠夫さん（いわもと・ただお＝元福島県双葉町長）15日、慢性腎不全で死去。82歳。葬儀は17日11時から福島市宮町5の19の福島斎場で。喪主は長男久人さん。

１９８５年から町長を5期務めた。社会党の県議時代は原発に反対したが、84年に離党後、推進に転じた。全国原子力発電所所在市町村協議会副会長などを歴任。東日本大震災後は福島市内に避難していた。（「朝日新聞」二〇一一年七月一七日）

「福島市内に避難」の記述が傷ましい。死者を鞭打つことはしたくないのだが、岩本さんの最期を悲劇的なものにした原発の魔性、について考えているのだ。はじめは匿名にして書くつもりだったのだが、新聞記事のあとなので実名にした。

爆発事故を起こした福島第一原発も、そこからすこし離れた第二原発も、岩本さんが誘致したわけではない。だから、いわば「戦争責任」はないといえる。しかし、原発の危険性に気づいていながら、それを押しすすめてきた道義的な責任はある、と思う。それは原発の安全性を信じる、といって誘致した各地の首長の責任よりは軽い。とはいえ、住民の生活と健康を守る手立てを尽くさなかった責任は、免れない。

福島原発をめぐる時代の変転ぶりを、わたしは一〇年前につぎのように書いた。

「東電は発電所の新・増設凍結の方針を打ち出し、佐藤栄佐久知事が『プルサーマル実施』の凍結を主張する時代に急転した。かつては県知事の木村守江が原発建設をゴリ押しし、岩本議員が県議会で追及する役回りだった。

ところがいま、知事が『ブルドーザーのような原子力政策』を批判しているのとは逆に、岩本町長は積極推進である。時代に裏切られた政治家の悲劇である」(拙著『原発列島を行く』)

東電は一時、増設を「凍結」していたことがあった、そのときのことである。岩本さんはかつての同志、鶴島常太郎さんから、告発されていた。七七歳だった鶴島さんは、「妻に先立たれたのだから、おれはもう捨て身だ」といっていた。

鶴島さんは、岩本町長が第一原発の七号炉、八号炉の増設を促し、国の交付金を受け取るために、町が先回りして建設道路をつくったり、町有地を無償提供したりして便宜を図っている、として告訴、告発した。さらに新聞の折り込みチラシでこう書いていた。

「岩本町長よ。傷は浅いうちに、満身創痍に陥《おちい》らない前に潔《いさぎよ》く速やかに身を引き、精神的苦痛などより解放されることを、以前の社会党員として、一緒に行動した同志、友としてこころから忠告する次第である」

五歳上の同志の心からの訴えを、岩本さんはどう聞いたのだろうか。

死亡記事には、「東日本大震災後は福島市内に避難」とあるから、原発事故のときは、まだ入院していなかった。病名が「慢性腎不全」だから、事故後、急速に体調を崩して入院、他界したのであろう。原発事故の重大化にともなって、病気が進行したと想像できるが、元町長としての心労もあったであろう。事故が死の引き金を引いたなら、「原発に殺された」ということにもなる。

浪江小高原発を阻んだ農民

地元のひとが岩本さんを、いまどう評価しているのか。葬儀に東京電力の幹部は参列したのだろうか。かつての同志はどうしたのだろうか、などと考えながら、わたしはもうひとりの人物のことを考えている。隣の浪江町に住んでいた舛倉隆さんである。第一原発の事故によって、東北電力が計画していた、浪江《なみえ》・小高《おだか》原発はほぼ破綻《はたん》したが、それは舛倉さんの拒絶に阻まれた、といっていい。

この地域でいちはやく、反対運動に立ちあがった舛倉さんは、頑固な農民で、「原発関係者立ち入り禁止」の札を自分の玄関先に掲げたばかりか、各戸に配って歩いた。四〇年以上も前の話である。

つまり、東北電力は、四基の原発建設を計画していたが、四〇年たっても浪江町棚塩地区の農民を攻略できず、建設用地を確保できなかった。舛倉さんたち農民は拒絶し、原発は建設されなかった。が、隣町の原発事故によって、東京・調布市などと各地に散って、避難生活を余儀なくされている。不合理である。

「百姓はコメをどうするかということしか考えないが、相手は毎日だますことだけを考えているんだ。口をきいたら負けるだけだよ」（拙著『日本の原発危険地帯』）

といって、舛倉さんは、いっさい交渉に応じなかった。

「会社の儲けのための犠牲になりたくない、ではなく、犠牲にはならない、ということさ」

政府、県、電力会社の巨大な権力とひとりの百姓は対等だ、という思想である。対等な対峙、それが「拒絶の姿勢」である。「反対」ではない、「抵抗」でもない。用地買収にやってくる開発公社職員を寄せつけず、隠者のように白眼をみせての拒絶が、「浪江・小高」原発を幻のものにした。

「舛倉隆は百姓だ。けっして原発の犠牲にはならない」

と胸を張っていた舛倉さんの声が、いまでもわたしの耳底に残っている。たしかに浪江町は東電福島第一原発事故に捲きこまれて犠牲になったが、もしも浪江にも原発があったとしたなら、被害はもっと大きくなっていたはずだ。舛倉さんが生きていたなら、口惜しがっているであろう。

最近、わたしが「拒絶の思想」と名付けるようになったのは、もう一五年になる沖縄県名護市の辺野古地区のおじいやおばあの座り込みに影響されている。それによって、米軍の新基地建設は止まったままだ。沖縄に新しい基地は認めない、という拒絶の思想である。

各地にあった住民運動

日本の原発は、全国一九カ所に五四基ある。そこは反対闘争が敗れた地域でもある。原発建設は、農民の土地買収と港湾建設のための漁民の漁業権放棄が前提条件である。

このふたつの条件を解決すると、あとの安全審査は、推進する経産省がおこない、監督は経産省内にある、原子力安全・保安院がおこなう。公然たる癒着であり、八百長である。申請する電力会社と許認可の官庁が天下りの関係にあるので、八百長と天下りが、もっとも危険な原発建設と運転との間に介在してきた。福島原発大事故の発生基盤である。

七〇年代のはじめ、新潟県の柏崎・刈羽《かりわ》、愛媛県の伊方《いかた》などで、原発建設にたいする農漁民の抵抗闘争がはげしかった。わたしはその運動の報告から、原発の取材をはじめたのだが、そのころは、公開ヒアリング反対、工事差し止め裁判など大衆的な運動として盛り上がっていた。が、それぞれ形式的に、政府のスケジュール通りに終わらされていた。

福島第一原発の周辺は、というよりも、原発地帯はすべてそうだが、陰謀と偽計、カネと悪意とに汚染された地域である。あるいは、隠蔽とミステリー。急いでつけ加えていえば、それはそこに住むひとたちの責任ではなく、進出してきた電力会社がつくりだした、破壊的な戦略である。

それでも、原発の侵攻を食い止め、ついに原発地図に載らずにすんだ町がある。わたしが取材に行っただけでも、新潟県巻町（現、新潟市）、石川県珠洲《すず》市、山口県豊北《ほうほく》町（現、下関市）、宮崎県串間市である。ほかにも、三重県の芦浜地区（南伊勢町・大紀町）、高知県の窪川町（現、四万十町）などがある。

巻町は新潟市に通うサラリーマンが住んでいて、これまでの立地点のような、老人の多い過疎地ではなかった。東北電力は「観光開発」を名目にして三〇年もまえに海岸線の予定地、九六・五パーセントを買収していた。さらに漁業権も放棄させていたので、わたしは、「クビの皮一枚を残して」とか「九回裏」と表現していた。辛うじて反対派の「共有地」と「町有地」が残されていたからだ。

その零細な土地をバックにしてひろがった巻町の運動は、サラリーマンや商店主や主婦を中心とする、「町民革命」ともいうべき、あたらしい運動のスタイルをつくりだした。

この運動で画期的だったのは、町のひとたちが「自主住民投票」を実施したことだった。模擬投票を実施して、町民の意識を引き出そうという卓抜な運動だった。「自分たちの運命は、自分たちで決める」というスローガンが掲げられていた。人口三万ほどのちいさな町だから、労働組合員を動員するなどの運動ではない、町民意識に信を置く、ひとりひとりの自己決定の運動である。

巻町の民主主義

街の空き地に、クリスマスツリーのようにポールをたて、ロープを張った。ハンカチにサインペンで、原発にたいするひとりひとりの気持を書いて、そのロープに結びつける。いままでになかった、こまやかな動きをつくりだした。ひとりひとりが個人として参加し、表現するハンカチ運動が、自主住民投票を成功させた。

そのあと、町議選で住民投票派が半数を占め、住民投票条例を可決させた。原発誘致派の町長のリコール、町長の辞任、住民投票派町長の誕生、「原発ノー」の住民投票の成立、とたった一年のあいだに、「町民革命」は一挙にすすんだ。

保守的な地盤で一歩一歩、匍匐《ほふく》前進するように町の民主化をすすめたのは、原発反対のために弁護士になったひとや教員や商店主たちで、指導者がいたわけではない、無党派のひとたちによる手探りの運動だった。

東北電力に決定的な打撃となったのは、住民投票の運動を背景に、当選した笹口孝明新町長が、原発建設予定地にあった町有地を、「巻原発・住民投票を実行する会」のメンバーに、さっさと売却してしまったことだ（一九九九年九月）。東北電力にとって驚天動地の出来事で、意表を衝く決断だった。

「巻町における原子力発電所建設についての住民投票に関する条例」という、長ったらしい条例に、

「町長は、巻原発予定敷地内町有地の売却その他……の執行に当たり、地方自治の本旨にもとづき住民投票における有効投票の賛否いずれか過半数の意志を尊重しなければならない」

とある。東北電力に転売するなどありえない、反対派のひとたちに売却するのは、原発を認めない住民投票の意志を尊重することになる。東北電力と推進派はぶつぶついったが、後の祭りだった。価格上の問題はなかったし、買収したひとは「原発計画がなくなれば町に寄付する」と記者団に語った。

その後、笹口町長は、すべての行政の情報を公開する条例をつくった。地域の民主主義を破壊してきたのが、電力会社と自民党だったが、市民派のネットワークがそれを修復した。笹口町長は二期で町長を辞任して、家業の酒造にもどった。

巻町の運動の成功は、もっと伝えられる必要がある。

原発がきて変わったこと

巻町の町民運動は、細心にして大胆な行動で勝利した。おなじ海岸線の南側に並んでいる柏崎・刈羽原発は、二〇〇七年七月の新潟県中越沖地震で、大事故寸前となりながら、かろうじて無事だった。もしも事故になっていたなら、巻町のひとたちは、浪江のひとたちのように、

故郷を喪《うしな》っていた。

巻原発の推進派の団体「巻原子力懇談会」の会長さんは、原発関連の印刷物をひき受けている印刷屋さんの社長さんだったが、「巻はタイミングがことごとく悪かった」と嘆いていた。原発建設へむけてうまくすすんでいる、と思っていると、どこかの原発で事故が起きて、原発批判がたかまり、元の木阿弥になる、その繰り返しだった、との慨嘆である。原発はそれほど不安定な存在、ということなのだ。

先日、鹿児島で原発反対の集会があって、講師に呼ばれた。そこでわたしは前田トミさんの息子さん、裕さんにお会いできて、トミさんは四年前、八二歳で亡くなった、と教えていただいた。トミさんは、毎日、首相や通産大臣（現在の経産大臣）に、原発をやめるように、とのハガキを書き送っていた。

「昔より『地震国』の名を背負い、今また原発列島の名を重ねる、環太平洋地震地帯の中の狭い火山列島日本、確実に夥《おびただ》しい核ゴミを生み遺す原発の新・増設は、もう絶対にお止め下さい。見直して下さい。賢い国に原発はいりません」

このようなまっ当なひとたちの願いを、政府は無視してきたのだ。「原発がきて、なにが変わりましたか」とトミさんにたずねると、

「日本人の心を忘れて、自分よがりのひとがふえました」

と答えたのだった。

「原発絶対体制」の崩壊

日本の原発は操業から四〇年たったが、電力会社社員、下請け、孫請け、曾《ひ》孫請け、日雇い、出稼ぎ労働者など、膨大な原発労働者のなかで、「被曝労働者」として労災認定されたひとが、東海村ＪＣＯ事故の三人をいれても、十数人しかいない。

この事実が、都合の悪いことはすべて隠蔽してきた、原発社会の闇の深さを物語っている。「安全」を看板にして推進してきたため、「安全」をおびやかすものはすべて否定してきた。事故があっても事故ではない、原発の存在にとって危険なものは、無視、改竄《かいざん》、過小評価で乗り越えてきた。科学の名においての、もっとも非科学的方法だった。

わたしはそれを「原発絶対体制」と名づけている。隠蔽は原発推進の自民・公明党政府、政治家、官僚、財界、マスコミ、裁判所の一致した方針だった。訪米した翌年の一九五四年、さっそく、原爆の原料、ウラン２３５をもじった、二億三五〇〇万円の原子力予算を成立させて、「学者の頬っぺたを札束で叩いた」と豪語した、と伝えられる、中曾根康弘議員の策動が、原発輸入のはじまりだった。

その不幸を、学者たちは「自主、民主、公開」の原子力基本法三原則で縛ろうとした。しかし、これまでわたしが批判してきたように、従属、独善、秘密、さらには、札束、陰謀、暴力、非民主、非人間性をもっぱらにしてきたのだ。

原発推進の経済産業省が、原発を監督する「原子力安全・保安院」を内部に抱える癒着を解消しなかったことにも、「原発絶対社会」の傲慢さがあらわれている。いままた、「原発に依存しないと経済が落ちる」（米倉弘昌・日本経団連会長）と「原発抑止力論」が喧伝《けんでん》されているが、危機を煽り立てて精神を支配する、「核の抑止力」の焼き直しである。

経済成長が生命や安全より優先されてきた、チッソや公害企業擁護の論理である。癒着と談合は日本の病巣だが、財界と政治家と官僚の頽廃《たいはい》が、大事故を準備してきた。

原発建設を最高裁判所が承認し、被曝労働者の死を最高裁判所が否定して、虚構の「安全性」が塗り固められてきた。原発の「戦犯」ともいえる、中曾根氏は性懲りもなく、「原発政策は持続し、推進しなければならない……今回の災害や困難を克服し、雄々しく前進しなければならない。それが今日の日本民族の生命力だ」（「朝日新聞」二〇一一年四月二六日）

と語っている。「玉砕のすすめ」である。地下壕に原発をつくろう、という議員たちもあらわれた。徹底抗戦を叫ぶ「旧軍部」のアナクロニズムが浮き上がっている。

いま、九州の川内《せんだい》原発で計画されている三号炉は、出力一五九万キロワットの巨大原発である。巨大化、大量化と大量消費の幻想は、まだつづいている。九電力による日本列島分割、独占支配体制、発送電独占、料金独占という、眼をむくような経済の非民主主義は是正されることもなく、原発非合理体制が維持されてきた。

巨大な原発が海岸線を埋め、巨大な送電塔と送電線が日本列島の空を覆っている。異様な光景である。厳戒態勢と秘密主義、裏切りと拝金主義によって、原発は地域の民主主義を分断してきた。田中角栄的な数と力の信仰、中曾根的な民衆に犠牲を押しつける空疎な精神主義、与謝野馨経済財政相、海江田万里経産相のような経済絶対主義。それらに対峙するのが、舛倉隆さんや笹口孝明さん、前田トミさんの拒絶の論理である。

核廃棄物の巨大な集積場にされかかっている青森県六ヶ所村は、「巨大開発」の幻想に取り込まれた村である。村議たちは開発景気にうまい汁を貪《むさぼ》った。村役場書記から村長になった寺下力三郎さんは、「政治はレベル以下の人たちが生きていくためのものだ」との信念を変えず、つぎの村長選挙で大企業の妨害に敗退した。

「下北核半島」には、なん人かの拒絶の系譜がある。小泉金吾さんが畑を売らなかったから、六ヶ所村の「核燃料再処理工場」へ行く道が曲がった。大間《おおま》町の熊谷あさ子さんも、最後のひとりになっても、電源開発に土地を売らなかった。だから、電源開発は、建設許可を受けたあとに、設計を変更し、炉心を移動させたが、二〇年も建設工事ができなかった。

しかし、残念ながら、全国的な原発反対運動のなかで、ひとりひとりの拒絶の思想をつくりだせなかった。「反対」というのではない。個人の尊厳を無視して、勝手に作成された計画などは、認めない。無視する。条件は一切ない。嫌なものは嫌だ、と交渉に応じない拒絶の思想は、孤立を深めさせる。そこからはじめて真の連帯がはじまる。頑固者の連帯を、いま捉えなおしたい。

人間的で自由な運動を

脱原発、自然エネルギーの世界への道筋は、地方から中央に電力を吸い上げる中央集権主義からの脱却であり、地域分権をめざす運動でもある。大量殺人の兵器を商業化した原発の思想とは、一発、一基での最大効果である。だから周辺にはなにも発達しない。荒野だけが遺《のこ》される。たった一回の事故は、周囲の生物に壊滅的な打撃を与える。それにたいして、自然エネルギーを組み合わせる方法は、安全なばかりでなく、地域の可能性を掘り起こす、地域おこしの発想でもある。

これから電力会社、原発メーカー、関連産業の労働者のなかで、未来なき原発社会からの脱出を模索する議論が必要になる。企業のまちがった方針に従属せず、企業の未来を拓き、原発の輸出もふくめて巨大なリスクを負う、危険物の生産に従事することをやめ、平和な生産への転換をもとめるべきだ。

原発に依存した地域経済から、持続可能な社会にむかうための経済の転換を自治体が考え、政府が支援する。原発からの転換運動は、人間のための、地域のための、より人間的な政治と経済にむかう運動である。

いままでのように、政党と労働組合が請け負う、パターン化した集会やデモではなく、大らかなひろがりをもち、だれでも参加できる、柔らかで自由なつながりの運動が各地ではじまっている。派遣労働者の生きるための運動から、個人が参加しやすい、ネットワーク型の運動がひろがってきた。脱原発は、思想の違いを乗り越える、生きるための運動である。

わたしたちが準備してきた、「さようなら原発五万人集会」は、二〇一一年九月一九日、午後一時から、千駄ヶ谷・明治公園でひらかれた。これは、内橋克人、大江健三郎、落合恵子、坂本龍一、澤地久枝、瀬戸内寂聴、辻井喬、鶴見俊輔、鎌田の九人の呼びかけでおこなわれた。その前の九月八日、やはり千駄ヶ谷の日本青年館で、夜六時半から、内橋克人、落合恵子、澤地久枝、鎌田の「さようなら原発」講演会が開催された。

脱原発、自然エネルギーへの転換を、ムードで終わらせず、具体的な政治課題とするための運動に拡大しなければならない。そのための一〇〇〇万人署名運動もはじまった。これは子どもの将来がかかっているので、字を書ける子どもたちとともにすすむことのできる運動である。危険を知りながら、手をこまねいていて、むざむざ原発事故を招いてしまった過ちを、もう二度と繰り返したくない。

ノーモア、フクシマ！　――ヒロシマ・ナガサキの被爆者の訴えの声とフクシマのひとびとの声が、いま重なりあった。

原発拒絶、そして反原発の連帯へ

反原発運動の四〇年

私が最初に原発関連の反対運動の取材をしたのは、下北半島の六ヶ所村でした。一九六九年の新全総（新全国総合開発計画）の中でプランが発表されたわけですが、はじめは巨大な石油コンビナートをつくるということでした。その公害反対運動の取材に入ったのです。ちょうど四日市や川崎でコンビナートによる喘息《ぜんそく》の問題があったし、各地の海水の汚染も指摘されていました。六ヶ所村の反対運動もまた、そうした公害問題として始まったのです。

もう一つの問題は、一万五〇〇〇ヘクタール――現在は五〇〇〇ヘクタール――もの計画だったから、村がなくなるということですね。つまり立ち退き反対運動で、原発に対する反対運動ではありませんでした。計画の本性が明らかにされていなかったからです。核について発言をしていたのは、新日鐵の稲山嘉寛（当時社長）くらいで、『六ヶ所村の記録』（上下巻、岩波書店）に書いたのですが、財界の思惑は工業開発が主で、その中に核サイクルを中心とした核産業も含められていたけれど、争点にはなっていなかった。そのときから核問題に触れていたのですが、かなり先のことと考えていました。住民闘争の報道に行っていたのです。その中で用地買収反対運動のパンフレット『開発阻止のために』を製作、配布していました。

そのようにして六九年の終わりから七〇年代にかけて公害・用地買収反対を取材していたのが、原発を正面から問題にすることになったのは、七三年の新潟県の刈羽・柏崎の反対運動に接してからです。刈羽・柏崎でも、はじめは公害闘争の延長線上で入りました。私はその前に公害闘争の本を二冊書きました。対馬《つしま》のイタイイタイ病をテーマにした『隠された公害』（三一新書）、明治末期から八幡製鉄が建設されて北九州の洞海湾が埋め立てられ、汚染されていったプロセスを書いた『死に絶えた風景』（ダイヤモンド社）です。そこでは工業開発と公害汚染と住民運動という視点を取っていて、その延長として柏崎の反対同盟の取材に行ったのです。刈羽・柏崎は私が初めて取材したはずです。カメラマンの樋口健二さんも早かったけど、彼も「誰か取材にきてますか、と聞いたら、鎌田が取材にきていると言われた」と言ってましたから。

その刈羽・柏崎と同じような運動が、実は同じ時期に四国の伊方にもあった。住民を中心にした反原発闘争ですね。当時は「東の刈羽、西の伊方」と言って、二大闘争でした。他の地域では、実力闘争的なものではありませんが、反対運動自体はありました。

それらは大衆運動化しないうちにつぎつぎと潰されていったのです。ですから原発の住民闘争を伝えるのが最初にあって、刈羽に行き、伊方に行き、それから他の原発反対運動を取材するようになったわけです。

なぜ住民は反対していたのか。みんなすでに原発は危険であると認識していたのです。教材として、アメリカの技術者による文章が七一年頃には入ってきていました。Ｊ・Ｗ・ゴフマンの『人間と放射線』などです。そうしたものの幾つかは雑誌『技術と人間』でも紹介されていました。またジョレス・Ａ・メドベージェフの『ウラルの核惨事』のような、核の惨事と原発内部の技術者の批判もありました。日本でも久米三四郎さんや水戸巌《いわお》さんのような批判者がいたし、安斉育郎さんも植物に影響のある微量放射線の研究をしていました。そういう方々が当時の理論的支柱でした。久米さんは全国をまわっていたし、私が水戸さんをむつ市の原子力船むつ反対運動に紹介したこともあった。技術評論の星野芳郎さんも、むつの反対運動をしていた漁協の集会にきてもらっています。そのあと、高木仁三郎も六ヶ所村にかかわるようになりました。私は技術者ではないから原発の技術自体はわからないけれども、住民闘争というかたちで参加してきました。このように、六ヶ所村から東通《ひがしどおり》村に行き、むつ市に行き、ここ一〇年は大間に集中するという感じで、その間に他の地域にも寄ってきたわけです。

七〇年代の原発反対の住民闘争では、用地買収に対する抵抗や漁業権放棄に対する抵抗が中心でした。さらに八〇年代に入ってからは公開ヒアリングが問題になりました。現在もニュースになっている「やらせ」が横行していたのです。用地や漁業権の買収が済むと、原発が建設され、それが稼働する前に公開ヒアリングという八百長があった。それに抗する裁判闘争もあったけれども、多くの場合はそこでも負けてしまった。そうして各地で原発が建設・稼働していったのです。

もちろんその過程でも、反対運動は連綿としてありました。それがスリーマイル事故のとき、あるいはチェルノブイリ事故で盛り上がった。とくにチェルノブイリのときは反原発の本は随分売れたし、集会にも多くの人が集まりました。しかし時間が経つと、その盛り上がりも収束したのです。原発の本もほとんど売れなくなってしまった

私が代表というわけではないけれど、反対派を含めて、結局は原発の存在を認めてきたでしょう。反対しているけれどその体制を認め、その中で生きている、という、非常に奇妙な状態にあったということです。もちろん賛成はしていませんが。

私も原発については七〇年代はじめからずっと書いてきました。『原発列島を行く』（集英社新書）は一〇年前の話です。『日本の原発危険地帯』は三〇年前（初版は一九八二年、復刻二〇一一年、青志社）、こんどの『ルポ　下北核半島』（斉藤光政氏との共著、岩波書店）は、フクシマの半年前に連載が終了しています。それでもパンチが全然なかった。反対運動や批判者の声を丹念に拾って書いてきましたが、大衆運動的にはどうだったのでしょうか。もちろん反対集会は間欠的に開催されました。ただ建設はほとんど終わっていた。新しい立地点は東通村くらいで、他はすでに稼働している原発の増設です。それに対しても伊方では反対運動があ

り、裁判で差し止めになったりした。さらにもんじゅで事故があり、再処理工場は故障続きで何もできず、ＪＣＯの大事故も起こった。それでも、反対運動は大衆的なうねりをつくれなかったのです。

今回の福島原発事故は、そうした中で発生したのです。かつてアジア太平洋戦争に対して、反対を言いながら何もできなかった人たちがたくさんいましたが、それと同じだという反省が私にはあります。これでは「『事故が起きる』とか『危ない』とか言っていたけれども、結局何にもしていなかったんじゃないか」という後世からの批判に、私たちは弁明の言葉を持てない。運動の力が弱かった。大衆は見向きもしなかった。つまり戦争反対の論理と同じなんです。だから今度こそ、ちゃんとやらければいけないはずです。

金の論理の獰猛さ

反原発運動は論理的には負けませんでした。原発に対する批判は正しかったし、今回の事故によってその正しさが証明されてしまった。されなかったほうが良かったわけですが、しかしながら、それでも反対運動は負けてしまったということです。つまり、嘘に負けている。後ほどまた触れますが、原発は全部嘘つまりフィクションで始まっている。だから論破すれば勝てるはずなのに、論破しても阻止できなかった。それはつまるところ、運動が足りなかったからです。理屈で勝って運動で負けた。これでは勝ったことにはならないんです。

推進派が説得に使う論理は「安全」で、こちらの論理は「危険」でした。安全と危険とがまっこうから対立していたのです。しかし、いつも彼らは「安全」の上に「絶対」をつけてきました。「絶対安全」です。そうなると、その絶対安全に「絶対危険」を対峙させても、どうしても絶対安全のほうが強い。なぜなら絶対危険をさらに強調する論理はないからです。危険であることを証明してしまったら、さらに危険を強調することは難しい。それに対して、絶対安全の論理を支えるのは、最終的にはその責任を誰かが取るということです。誰が取るのか。これまでも頻繁に書いてきたのですが、原発立地地域の首長はいつでも「国が絶対に安全だと言っている」と答えてきました。そうやって国が安全を絶対的に保証してしまえば、あとは違う国が危険だと言って戦争で決着をつけるしかありません。その次元でしか決着がつかないのです。安全と危険で論争をしても、向こうが国家権力を盾に絶対安全と言ってしまったら、これ以上の保証はない。反対派には国家の保証はないのです。せいぜい個人が保証したところで、たかが知れています。

そういった国家の保証に加えて、さらに巨額の国家資金がつくわけです。それが「電源三法交付金」です。現在出力が最も大きい原発は一三五万キロワットですが、それを一基つくるごとに立地点の自治体に約一〇〇〇億円が支払われます。内訳は、建設を引き受けたときから支払われる交付金が一〇年間で約四八〇億円、加えて運転開始後の固定資産税などで約五〇〇億円です。ただ固定資産税は徐々に減っていき、二〇年経つとなくなってしまう。だから、モルヒネのように、金欲しさにもう一基つくることになるわけです。

こういう金はすべて電力料金でまかなわれています。原発建設と稼働のコストが電力料金に加算されるという無茶苦茶な総括方式が採られているわけです。加えて国が地域対策として一〇〇〇億円を支払うことになっています。国が民間企業を支援することなど、他の業種では絶対にありえない。トヨタが自動車工場をつくるのに国が金を出しますか。原発建設というのは完全に国策として進められてきたのです。

これだけの金の力には、反対運動も負けざるをえないでしょう。

電力料金として消費者から簒奪《さんだつ》された建設資金によって、ジョイント・ベンチャーを組む大手ゼネコンが原発をつくる。地域の業者は下請け・孫請けでしかない。さらには原発に直接関係しない地域の箱もの施設やインフラも国の補助金によってゼネコンがつくるから、そこでも金が落ちる。そのゼネコンから政治資金を政治家が吸い上げている。金が循環しているのです。

電力会社は全く負担をしないから、経営は野放図になっていきます。その象徴が福島のＪヴィレッジで、あれは電力会社が一六〇億円かけた寄付行為です。あるいは、むつ市では撤退したダイエーのアウトレット・モールを改修して広大な市庁舎にしましたが、その費用の一六億円はすべて電力会社が負担しています。

福島で事故が発生したのにもかかわらず、野田首相をはじめとする経産省・財務省に近い政治家たちの多くは、原発稼働は経済的に見て妥当だという意見を崩しませんよね。原発がなければ国内産業がダメージを受け、工場が海外に移転してしまうとか、電力料金が上がるとかといって脅している。

結局、すべて金の論理なんですよ。だから命の論理と金の論理が対立しているのですが、命のほうはどうしても少数の命になってしまうのです。放射能はいまや全国に蔓延していますが、当面の問題としては福島第一の近傍地域の人々の命の問題と、全国的な生活の繁栄とが対比される。もちろん、原発が稼働し続けたとしても多数の人々には大した繁栄はありません。しかしロジックとしては、少数が死んでも多数が繁栄すればいいという功利性に埋め込まれてきたわけで、だからあれだけの事故があっても経済のほうが心配されている。その欲望の防壁をなかなか突破できないでいるのです。

地域の中でも同じ問題があります。早い話が、反対派は料亭に連れて行かれるし、子弟の就職や建設現場での雇用で誘惑されてしまう。だから事故になっても金の問題から離れられないのです。『ルポ 下北核半島』で取り上げた大間原発でも、事故で建設がストップすると土方仕事がなくなってしまって、町の商工業者が工事の再開を要請している。これは野田首相と同じ論理です。とにかく原発の建設・稼働を再開することで経済的にうまくやろうと。それを断ち切る論理を、いままでの反対運動はつくれなかったのです。

いままでのような危険の論理は、事故が発生しなければ証明できない。それでは非常に困難な論争を強いられるのです。今回のように重大事故が起こり反対運動が盛り上がったとしても、次の事故が起こるまでには時間がかかる。その間に、推進派によって事故は福島原発だけの特殊な欠陥とされてしまうでしょう。次の事故が起こらなければ証明できない論理では、これに勝つことはできない。結局、過去・現在・未来をつなげる命の論理から、事故の危険性と経済優先の論理という二つの文脈において、どのように抵抗を生み出していけるのか。これまでは、その論理がなかなかつくれなかった。

拒絶の思想

そうした歴史を踏まえた上で、反原発の運動から何を見出すべきか。私はそれを、「拒絶の思想」だと考えています。「原発拒絶の思想と運動を、今こそ」（『世界』二〇一一年九月号）でも浪江原発に反対していた舛倉隆さんに触れ、「拒絶」の意義を強調しました。彼の拒絶の思想は重要です。それはつまり、電力会社の人間はだますのが専門だから、はなから交渉には応じないということで、戦術として非常に有効だったのです。「民主主義では敵の言い分も聞かなければならない」などとよく言われますが、原発を建設しようとする側とは論争にもならない。科学的な論争にもならない。推進派のやることは、先ほども述べたように、つまるところ金で反対派を潰すことでしかありません。「相手の話を聞かなければならない」「対案を出せ」ということでは、その交渉が始まってしまうのです。

もちろん、論争で勝とうという運動もありました。例えば徳島の吉野川第十堰《せき》の可動堰化反対運動です。これは非常にユニークな市民運動で、建設省を相手に勝利し計画を潰すことに成功しました。また論争ではありませんが、粘り勝ちをしたのは巻原発反対運動ですね。先の論文でも触れましたが、これも市民の創意工夫を集めて勝った運動です。しかし一般的には、原発建設に対して言論で勝つことは非常に難しい。電力会社というのはとても獰猛《どうもう》な相手で、しぶとさ、大量の金、そして攻撃力を持っている。吉野川では建設省の官僚が相手で、彼らは時間が経てば交代するから、攻撃も弱かった。巻原発はどうだったのでしょうか。東京電力ではなく東北電力だったから弱かったのかもしれませんね。そして舛倉さんが闘った浪江も東北電力が相手でした。

しかし振り返って思うに、やはり「拒絶の思想」は大事にしていかなければならない。「拒否は論理的でない、感情的で頑固でしょうがない」と言われるけれど、だからこそ敵に対しては強いのです。そのことをもう一度考え直さなければならない。私がこの思想を考える上で影響を受けたのが、沖縄・辺野古の米軍基地建設反対運動です。これは完全な「拒否の運動」だと思います。そして、状況が煮詰まってくると、「拒否の運動」しかありえないということです。もちろん今後、沖縄でも仲井真《なかいま》県知事がいろいろな政策に妥協するかもしれない。しかし辺野古の住民や民衆のおじい、おばあ、そして彼らを支えていた人々は、一九九五年一一月の日米政府による、米軍基地の再編と強化を目指すSACO（沖縄に関する特別行動委員会）合意の後の一五年間、一切の妥協をしてこなかった。それには政府も打つ手がないから、補償を積み重ね、いろいろな懐柔策を弄してきたわけです。しかし、それでも彼らは受け入れなかった。あの海岸端にじっと座り込むという思想を、やはりきちんと評価するべきだという気持ちが強まってきたのです。それがいろいろな運動を見てきた私の総括です。

考えてみれば、大間原発の建設予定地内で反対運動をしていた熊谷あさ子さんや、六ヶ所村の小泉金吾さんにも「拒絶の思想」がありました。言うならば「拒絶の思想家列伝」のようなものが、連綿としてあったわけで、それが重要ではないか。一度拒絶をすれば、頑固で無知でしょうがないと言われてしまい、だんだんと地域や住民から孤立する。偏屈とか話を聞かないとさえ言われる。しかしそうやって思想を貫けば、最後はどうなるのでしょうか。巻原発の場合では、他は全部買収されても町有の共有地だけが買われずに残った。それを当選した反対派の町長が反対派に売ってしまったのです。普通は町の共有財産を個人に売ったりしません。しかしそんな想定外の出来事で勝負がついた。だから孤立はするけれども、ひとりの運動への思いで勝った例もあるのです。

拒絶を貫くということ

もちろん孤立して負けた例もあります。ここで話すべきかはわかりませんが、例えば三里塚闘争では反対派がまだ何軒か残っています。そのため成田空港に計画された二五〇〇メートルの滑走路は完成していません。建設予定の一方に何軒か残っていて、しょうがないから反対側に滑走路を延伸してやっている。だから負けたと言えば負けた感じなのですが、それでも反対派住民はまだ残っているわけです。さらに飛行機が飛んでくる航路の完全な直下にも一戸だけ、Sさんの家が残っています。のべつまくない轟音の襲来で、完全な拷問ですが、これはもう意地ですよね。騒音がうるさくて生活環境にはまったく適さないところで、彼自身も負けたとは思っているけれども、それでもまだ屈していない。その精神をどう評価するのか。

つまり日本の大衆運動史の中で、死ぬまでそういう拒絶を貫いた人々がいたことは、特筆すべきことだと思うのです。彼らをつなぐ「拒絶の思想家列伝」を書くのは大変で、もう自分には無理かもしれませんが、『世界』の論文ではそういったことを念頭に書きました。

結局、原発に対する運動は、拒絶の論理に拠るしかなかったのです。そこに妥協はありえなかった。原発立地地域の人々は国の事業を理解して妥協したわけでも、論理的に負けたわけでもない。そこにあったのは獰猛な金の力であり、またさまざまな利益を享受させることで負けたのです。反対派の子息の就職を電力会社が斡旋《あっせん》するとかね。立地地域はどこも過疎地帯で人口密度が低い。それが立地の条件だったからです。経済産業省資源エネルギー庁の許可条件には、人口密度が低いことが明記されています。そういう地域では終身雇用がないし、生活も難しい。だから金や利益の供与で負ける。しかしそれでも、そこで闘ってきた人々の「拒絶の思想」へと、もう一度脚光を当てる必要があるのではないか。それが私の現在の問題意識です。

「原発地図」というのがあります。原発の立地点を日本地図の上に載せたもので、拙著『日本の原発危険地帯』にも載せました。これは、言わば負けた運動の残骸を印したもので、勝ったところには印がないという不思議な地図です。地図にない地点のことは、原子力資料情報室が編集した『脱原発年鑑』（七つ森書館）を参照（本書一二ページにも「日本の原発と関連施設地図」として掲載）すればわかります。能登半島の珠洲市や新潟県の巻町など、計画が完全に消えてしまったところでは、住民は平穏に暮らしている。一九七〇年に福島第一原発が運転開始してから約四〇年が経過して、その間に反対運動が勝ったところは地図から消え、負けたところが印されている。しかし負けた場所でも個人が抵抗していたところ、あるいは現在も抵抗していてつくれないところがある。私の問題意識は、それをどう表現するかということでもあります。

大間原発では計画を変更し炉心を移動させました。東通村には再処理工場になるのかわからない巨大な買収地がありますが、原発建設が決まったのは六五年です。それから三五年以上かかって、ようやく原発がつくられた。普通の工業開発ならば、三五年も経過して実施されることなどありえません。それほど時間をかけずとも、反対派が妥協・納得する理由がつくられます。反対派は大企業がきて公害が起こることに反対しますが、やがて雇用の拡大、地域産業の振興といった論理が、公害の発生を覆い隠していく。現在では新規に立地するのは重化学工業ではなく、コンピュータ関連が多いでしょうが、それでも地元の雇用にはある程度貢献しています。しかし原発は雇用には貢献しない。定期検査のときには三〇〇〇人くらい労働者を集めますが、全国から集められ、終わったらまた散っていく。原発は雇用に関係せず、地域は発展しない。だから「拒絶の思想」しかありえないのです。

連帯への回路を

ただ、拒絶は孤立でもあります。ですから孤立と連帯の関係も問われることになります。まずは孤立して頑張っている人たちが庶民の中にいたことに光が当てられなければならない。その上で、連帯をどうつくっていくのかが問われるはずです。

その一つの契機となるのは、さまざまな被曝者の運動でしょう。第五福竜丸の乗組員だった大石又七さんも原発反対運動に合流されましたが、福島、広島・長崎、第五福竜丸、さらには南太平洋の核実験による被爆者、あるいは世界各地のウラン鉱山やチェルノブイリの被曝者をつなぐことで、今までとは違った問いかけがなされるのではないでしょうか。核廃絶運動と反原発運動は完全に同じところから始まっているのですから、そのつながりを再び打ち出さなければならないということです。ここにあるのは、軍縮・平和・核廃絶と、反原発運動がどのようにして合流できるかという問いです。これまでは両者が別のところにいた。私自身、原水爆に関係する運動はしていなかったわけで、どのようにして二つを強力につなげていけるか。

これを歴史的に見れば、原水禁と原水協の運動が完全に分裂していたという問題があります。原水禁は現在の民主党にもつながる旧社会党系の運動でしたが、いま母体は連合です。しかしその連合には三菱重工のような軍需産業や原発メーカー、そして電力業界の労組が含まれています。つまり、原発によって連合加盟の主要産業が維持されてきた。だからなかなか原発反対闘争を組めなかったのです。一方の原水協は共産党系ですが、これも今までは冷戦における東側の核の正当性を背景に、原子力の平和利用を大原則としてきた。最近ようやく「原発からの撤退」という言葉を使い出し、九月一九日には、私たちが呼びかけた、明治公園で行なう「原発にさようなら集会」にも参加することになりましたが、完全に遅れていた。ただ、原子力の平和利用というロジックが完全に破綻したこと、持続可能な平和的エネルギーが自然エネルギーしかないことが明らかになったことは、大きな前進でしょう。

これでようやく、反原水爆と反原発の運動の意識的な分断も無効にならざるをえない。政府や財界は「減原発」という論点で生き残りを図っています。自民党からは全く声が上がっていないからわかりませんが、それでも新規建設が不可能になった流れは、誰にも巻き返せないでしょう。

運動においてこれから問題となるのは、やはり連合をどうするかということでしょうね。労働運動はやはり連合が握っているわけですから。電力産業、原子力産業、軍需産業、電機産業、そして鉄鋼業。こうした原子力と兵器によって利益を得ている産業を縮小し、どのように平和産業に切り替えていくか、それが課題となるはずです。具体的には、産業界の中の脱原発派を増やし、脱原発産業を拡大させる。連合の幹部と民主党の幹部クラスは同じような出自ですから、彼らの頭を「平和・自然エネルギー産業」に切り換えさせる。そして連合の運動を変えていく。そうなると民主党の中で原発推進派と反対派の対立抗争が起こるでしょう。それで民主党が分裂するかもしれない。つまり運動を担う原水禁を孤立させないことです。

さらに言えば、共産党の影響下にある原水協は産業構造や企業の利害に左右されませんから、世論が脱原発に向かっていくなかで、連合の保守性が露呈し、そして民主党政権の動揺が進むでしょう。民主党系が動揺していくなかで、市民的な力によって、政党を超えた新しい運動をつくれるかどうか、原発廃炉運動にどれだけ力が注げるか、それが問われてくるでしょう。これが私の見通しです。

脱原発へ——三つの課題

では、運動の課題はどこに設定するべきか。まず、核廃棄物を巡る問題があります。原発推進側の論理を歴史的にたどると、六〇年代の後半までは、クリーン・エネルギーや第三の火による明るい未来の創造、あるいは地域開発というロジックで新規立地がなされていました。今では信じられないかもしれませんが、原発が「地域開発の起爆剤」と呼ばれていたこともあったのです。スリーマイルの後では「起爆剤」から「メリット」へと表現が変わりましたが、原発の関連産業が生まれることで、地域が発展していくというイメージで、これは工業開発と同じ論理ですね。しかし、繰り返しますが、そのような開発がされた場所はない。原発がつくられる過疎地に、工業開発のための土地が造成されるわけがない。土地を造成しようがないところに原発が建てられるのですから。地域の発展という幻想、あるいはフィクションによって、進出してきただけなのです。

それが六〇年代の論理でした。しかし七〇年代後半にスリーマイルがあって、それにクエスチョンマークがつけられた。新聞の論調の変化にそれがよく表われていて、スリーマイルの後で、『朝日新聞』が、〝Yes〟から〝Yes, but〟に変わる。その後、『朝日新聞』では大熊由紀子記者が八三年くらいに「核燃料」という大連載記事を書き、私が批判をして『日本読書新聞』紙上で論争したこともあります（本書二四二ページ～に再録）。それから八六年にチェルノブイリ事故があり〝Yes, but〟から〝No, but〟に変わったのですが、しかし今日に至るまで〝No〟にはなりませんでした。『東京新聞』だけは今では〝No〟のような感じですが。

結局、チェルノブイリ以降、新規立地はありえなくなったわけです。関係のない地域に新しく原発をつくると言ったところで、もうそんなことはできないでしょう。だから今までの原発内で原子炉を増やしていった。用地の買収は以前になされていますから、浜岡や福島では増設が可能だったのです。東通村では東北電力が一〇基、東京電力が一〇基、合わせて二〇基分の用地がありますから、物理的には増設が可能でした。しかしもはや、二〇基なんてとてもつくれない。もちろん、その土地を何に使うか（最終処分場とか、核工場とか）については別の疑惑が多々ありますが、原発に関しては新規立地もすでに無理だし、新増設もついに無理になったのです。あとは五四基のうち、一一基しか稼働していない原発を、再開させず、止めていく運動です。電力はまだ余っているのです。

残されたのは、最終処分場をどうするのか、廃棄物をどこに持っていくのかという問題です。廃棄物を福島に集めるのか。しかし福島は東京に近いでしょう。また福島第一にある使用済み燃料棒を放置しておいたらどうなるのか。それをどこに運ぶのか。

原発がある地域を取材すると、私が質問をする前から、行政や電力会社は「廃棄物は六ヶ所村に持っていきますから安心です」と言ったものです。六ヶ所村があるという安心感があった。しかし六ヶ所村では全国の廃棄物は収納しきれません。六ヶ所村に第二再処理場をつくるという漠然としたプランやMOX（混合酸化物燃料）工場をつくる計画もあったけれど、どうなるかわからない。もはや国も原子力行政をどうするかという新しい戦略をたてられる状況ではないのでしょう。これは運動側の攻撃のチャンスで、いまこそ頑張らなければならない。

いま残された推進側のロジックは、現在稼働している原発に関しては、部品の補給で安全性を高めつつ使えるだけ使う。さらには海外へプラントを輸出していくことで産業を維持していくというものです。そしてこうした流れはいまだ止まっていません。原発の輸出先としてはヨルダンやベトナムがあり、さらにはモンゴルに核廃棄物を輸出し、ウランを輸入することが計画されています。このような海外展開は、八〇年代はじめの公害輸出と同じパターンです。か

って は日本で稼働できない化学工場やコークス工場が東南アジアに移転していった。しかし、公害を海外に移転させて国内はクリーンにしていった過去をもう繰り返すことは許されない。公害輸出としての原発輸出、廃棄物輸出を断ち切る運動は、次の大きな課題になるでしょう。

緊急の課題としてあるのが、国内の原発の稼働再開阻止です。特に浜岡原発を稼働させてはならない。稼働を停止していても燃料棒は原発内にあるわけですから、非常に危ないことには変わりがないのですが、ともかく運転を中止させていくべきです。そうやって一つ一つの原発を、稼働停止から運転中止・廃炉に向けていく。輸出で海外に逃げるのを止めつつ、国内の原発も稼働再開を許さず、運転中止に追いこんでいく。脱原発へ向けて、そのような運動課題が挙げられる段階にきていると思います。

可視化された差別構造

福島原発事故が大衆に与えた重要な影響として、被曝労働者の姿が見えるようになったことがあります。原発の中で働いている被曝する労働者は、以前であれば全く見えない存在でした。いまも完全には見えているわけではないけれど、原発に残って働かなければいけない労働者がいるということが人々に認識されました。さらにそこでは女性も含む被曝者が次々に生まれているし、爆発の瞬間に大量に被曝した労働者がいるのではないか、あるいは消火活動にあたった消防団員や自衛隊員が被曝しているのではないかと心配されています。多分、そうした被曝はあったでしょう。

さらに原発をめぐる労働構造の中で、原発労働者が酷い立場に置かれていることも知られだした。だいたい一日一人五万円くらいで働きに行くこととか、重労働の中で熱中症で倒れたこと。さらには事故死に加えて――東電は否定していますが――急性被曝で亡くなった労働者も現れましたよね。このように、被曝労働という概念が具体的に現れたというのは非常に大きいと思います。重大な人道問題なのです。

もちろん以前から被曝労働者はいました。定期検査、という補修作業の際に、炉心近くに入る労働者はみんな被曝していて、その後、白血病や癌になった。しかし職業病認定闘争はできなかったのです。弁護団や闘争の資金、さらには安定した住所が必要で、それなしには裁判闘争ができない。原発労働者は生活が安定していない人たちですから、職業病認定闘争にならなかった。原発に起因する業務上の障害あるいは死亡で労災に認定された労働者は、私が知る限り一三人しかいません。その中には、ＪＣＯ事故で亡くなった二人も含まれます。たったそれだけしか認定されず、あとは全くの闇に閉ざされていたわけですが、今度の事故でそれもオープンになった。六〇歳以上の男たちが福島原発に行って事故の鎮圧活動にあたらなければならない、という世論が一定程度出てきたというのも、原発労働が危険だという認識が広まったからでしょう。

ただ、雇用の問題は深刻ですから、一日二～三時間働いて二、三万円貰える原発労働も、いまだに人を集めてはいます。しかしそれがどこまで続くかはわからない。被曝労働の問題を前にして、末端労働力を担う人々も減少していくでしょう。これも原発推進の隘路《あいろ》になるはずです。さらに電力会社に入る社員も増えないでしょうし、大学の原子力学科にしても――今までも斜陽でしたが――さらに進学希望者は減っていく。今度の事故を契機にして、原発は黄昏《たそがれ》の時代に入ったのです。

福島原発の隣の町で反対運動をしていた舛倉さんは、原発で働いた経験から反対運動をはじめました。上関《かみのせき》原発に反対した因島《いんのしま》の漁師さんも、出稼ぎで働いたことがきっかけで原発反対になったと言っていました。そういう人たちの実体験も、これからさまざまに伝えられていくでしょう。マスコミもようやく被曝労働者に対して関心をもってきた。偽名で働いている労働者とか、未成年労働者とか、線量計もたされていない、とか被曝労働の問題も出てきていますね。

結局、原子力産業全体が差別構造の上に成立していたのです。労働においても、最末端労働者に依存する差別構造があった。電力会社やゼネコンの正社員は安全地帯にいて、被曝した人もそれなりにいたでしょうが、ほとんどの被曝労働者は六次、七次の下請けの労働者に集中していました。原発の立地点も、国土の上の末端だったと言っていいでしょう。東京電力の原発の配置図を見れば明らかですが、関東地区には一基もない。新潟に七基、福島に一〇基、建設中が青森に一基と一八基もある。さらに北海道電力泊《とまり》と東北電力女川《おながわ》に計六基、合計で二四基、五四基中ほぼ半分です。敦賀《つるが》湾を含めると完全に過半数を超えます。水上勉が生まれたような日本海の貧しい地域、そして東北の貧しい地域に原発がつくられてきた。

これはむつ市の職員が言っていた皮肉混じりの名言ですが、「こなかったのはウラン鉱山だけだ」と。青森県にはそれ以外の核施設がすべてきた。『ルポ 下北核半島』にも書きましたが、これは財界と国が計画的に行なったことで、いわば下北半島は核半島化されたのです。このように、原子力政策はもっとも弱い場所に集中して現れてきました。押しつけやすく、攻撃しやすく、受け入れられやすく、依存させやすい地域です。つまり、労働力と地域とで、差別構造が垂直・水平に交わったところに、日本の原発はあるのです。

過去から何を学ぶか

「拒絶の思想」へと話を戻しましょう。

大間原発反対運動の熊谷あさ子さんが私に語ってくれた、「海と畑があれば生きていける」という言葉は、私たちにとって非常に重要だと思うのです。反原発運動における論理をも超えて、これはまさに人類の哲学としてあります。畑を失くして海が汚染されれば人間は生きていけない。逆に言えば海と畑さえあれば生きていけるという生活体験がある。全くその通りでしょう。国や電力会社はそれを全部失わせ、原発と工業化で豊かに暮らしていけるという嘘をついてきた。しかし福島の事故が発生して、やはり生きていけないということがわかった。私たちはようやく、この思想に向き合うことになったのではないでしょうか。

舛倉さんも「百姓は騙されないぞ」と言っていました。国家や産業は、それは古い生活形式だから都市型の生活には敵わないと一生懸命宣伝し、人々を都市に誘導して労働力にしてきた。しかし別の仕方で生きていく方法はあったのです。これは日本のみならず、他の国にとっても教訓になると思います。

五月に福島に行って飯舘《いいたて》村にはいったとき、ちょうど田植えの季節でしたが、田んぼには誰もいませんでした。去年刈った稲株が灰色に腐って、ずっと並んでいるだけ。土を掘り返して水を張った田に苗がきれいに並んで風に吹かれている、そんな普通の風景が全くありませんでした。蛙、ミミズ、蟬のような地中にいたものはどうなったのでしょうか。牛も豚も大量に死んでいました。原発事故によって、あの地域の自然は完全に破壊されてしまったのです。

そういうものを目の当たりにしてもまだ「原発がいい」と言えるのは政治家と経営者しかいない。それは金の亡者です。もはや完全に少数になったのです。それに彼らは気がつかない。まだ経済優先でやっていける、それで説得できると思っている。もう完全な誤りです。

人間、そして微生物も含めた生きものの命をどうするのかという、根源的な問いかけが始まったのです。原発をこのままやっていくなど、絶対にできはしない。もう一回事故が起きてしまう前に、どう脱却するか、それだけです。それが、これからの政治の中心課題になっていくでしょう。（談）

「原発絶対体制」の正体

原発集中立地の意味するもの

いま原発が建ち並んでいる地域は、たいがい反対運動がさかんなところだった。

ひとくちに、日本に五四基の原発がある、といわれているが、福島第一、第二あわせて一〇基、新潟柏崎・刈羽七基、福井若狭湾に一三基の集中立地である。これだけで三〇基である。福井県を西日本として外しても、北海道三基、青森一基、女川（宮城）三基をいれると、東北、信越だけでも二四基で半数ちかくが北海道・東北地方になる。東京電力は、東京周辺には一基ももたず、福島、宮城、新潟で発電している。電力植民地主義だが、「過疎地」を利用した集中立地である。

と同時に、いったん反対派を封じた地域に、まるでだめ押しのように、つぎつぎと原発を押し込んできた横暴をも物語っている。それはまた、新規立地が困難なことも示している。

一九七九年の米スリーマイル島、一九八六年のソ連チェルノブイリ。宇宙衛星開発で鎬《しのぎ》を削ってきた両大国での大事故が発生してから、にわかに原発の危険性が知れわたることになった。あらたに危険施設・原発を引き入れる地域がなくなったのだ。

原発推進派の巻き返し

福島原発の一〇基が全面停止になったのは、第一原発の爆発、炉心溶融という最悪のシナリオとともに、一〇キロほどしか離れていない第二原発もおなじ地震の打撃を受けたうえに、第一原発から放出されている放射能に汚染されているからだ。

浜岡原発全面停止は、政権の危機意識のあらわれでもあったが、今後の課題は、活断層ともにある、と批判されてきた浜岡原発の全面廃炉であり、さらにもっとも老朽化し、関西圏の中心、京都・大阪に近い若狭湾原発の全面停止である。

しかし、中部電力にたいして、浜岡原発の停止を要請した菅首相は、二〇一〇年一〇月、ベトナムへの原発輸出にかかわって、成約させていた。民主党自体が、自民党に匹敵するほどの原発推進政党で、鳩山、菅内閣は二〇三〇年までに、原発発電量の全体に占める比率を五三％、一四基の新設を掲げていた。

が、福島事故以後、菅首相は、その計画を見直し、自然エネルギーの推進を語り、浜岡の休止を決断した。それは堤防を築き、緊急時の電源供給を確立するまで、との留保づきだったが、首相が原発を休止させたのは、原発の歴史上はじめてである。

と同時に、当時の菅首相は電力会社が独占してきた、「発電」と「送電」の分離を示唆した。

それはまだおぼつかないおよび腰だったが、自民党ばかりか、民主党内での「菅降ろし」が猛然と高まった。

菅首相と面談した山口二郎北大教授は、「浜岡原発の停止を決定した後の様々な反発はすさまじかった」と菅がいった、と書いている（「東京新聞」六月一二日）。

原発推進派の巻き返しだった。

安倍晋三元首相などのタカ派の猛烈な反撃の手段は、「菅首相は一号炉への海水注入を中止せよ、と命令した」との宣伝だった。ニュースソースは、安倍氏が流した自分のメールマガジンで、マスコミが騒然となった。

が、第一原発の吉田昌郎所長は、海水注入は継続していた、と発言して、菅首相は「冤罪」を晴らしたのだが、時遅し、すでに政局は菅降ろしに下降していた。

そもそも自民党がだした不信任案に、民主党の小沢一郎などが賛成する構えをしめして、菅内閣に動揺を与えるなど、原発がらみ、としか考えられない。福島原発事故が継続中で予断を許さず、被災地のひとびとの生活が疲弊しきっているのを尻目にした、権力争いである。菅降ろしに目の色を変えている、自民・民主の議員たちの頽廃は深い。

小泉元首相は、はやばやと「脱原発」に名乗りをあげたが、巷間に伝えられるところによると、東電から政治献金をもらっていない数少ない議員、という。

民主主義の対極にある「原発」

わたしは、「原発は民主主義の対極にある」といいつづけてきた。「原子力発電所は金子《きんす》力発電所」ともいってきた。立地の推進力は、ただむき出しのカネだけである。

立地点の首長に会って、「危険だと思わないですか」と尋ねると、「国が安全と言っています」と判で押したような答えだった。核燃料廃棄物が残りますが、というと、「あとのことはあとの町長が考える」とケロリとしていた。そして亡くなると、電力会社が胸像を建ててやった（伊方町）。

いまでは信じられないことだが、立地自治体の長は、「原発は地域開発の起爆剤」といっていた。「原発は明るい未来のエネルギー」とおなじ思想である。今度の事故によって、原発は「地域」と「未来」をつぶす存在であったことが明らかになった。

もっとも悲惨なのは、津波で流された原発周辺の住民たちである。放射能汚染が激しいため、遺族や友人の捜索にむかえない。雨晒しになったままの遺体の悲惨は、原発が人間社会にまったくそぐわないものだったことを告げている。

「地域の夢を大きく育てる」というタイトルのパンフレットは、経済産業省資源エネルギー庁のものである。青い海のうえに大きな入道雲が浮かんでいる写真があしらわれている。「原子力発電所が建設される市町村等には、様々な財源効果がもたらされます」として、モデルケースが示されている。

出力一三五万kWの原発立地で、運転開始までの一〇年間で、交付金が四八一億円、運転開始の翌年から一〇年間で、固定資産税が約五〇〇億円、つまり二〇年間で合計九八一億円が入る、とされている。このうち、固定資産税を引いた五六五億円が、国家が支給する国民が支払った税金である。

ということは、一民間企業の一施設の建設を承諾するだけで、一地域で五六五億円もの税金が費消されることになる。官民一体化は極まっている。もし、五基をつくるのに応諾すれば、二八二五億円もの巨額なカネが、僻地の町村に入る。

立地町村は、小さな自治体が多いので、それは年間歳入の四割から五割に達する。いわば国家資本をつかった、民間企業による自治体の買収である。

このほか、交付金は立地周辺部にも払われるので、一基あたり一三五九億円が費消されてきた。原発建設費はいま、一基あたり四五〇〇億円。これだけの大事業はない。経済的な大事業ばかりではなく、建設工事は政治的なイベントでもあり、これによって自民党を支えてきた。公明党も反対することはなかった。

青森県下北半島の中心地、むつ市の市役所は、撤退した旧ダイエーの建物をそのまま利用している。あたらしく建設するよりは安上がりだから、だれも反対しないが、その購入資金一六億円は、東京電力と日本原電が全額出資した。寄付行為である。市役所が丸ごと電力会社に買収されたことになるが、疑問をもつひとはすくない。

かつての軍港だったむつ市は、六〇年代から原子力船「むつ」の母港として、知られるようになった。が、「むつ」は漁民の反対を押し切って強引に太平洋へ出航、原子炉の試運転をしただけで、放射線漏れ事故を起こし、そのあとは一度も実験することなく、廃船となった。

その原子炉は、偉大な「ゼロ」の記念碑として、かつての係留港のうえにつくられた、むつ記念館に安置されてある。

だから、むつ市にある「むつ」記念館は、原子力開発の負の記念館でもあるが、いまはそのすぐちかくで、使用済み核燃料の「中間貯蔵所」建設工事がすすめられている。一度、核施設がもちこまれ、「核資金」に汚染された地域を、核産業は手離さない。ほかの候補地を探すのが難しいからである。

が、いま福島原発の事故を起こした原発震災のあと、青森県の核施設の運転と工事はすべて停止、女川、柏崎も停止している。もちろん、浜岡原発も停止されている。それでもわたしたちは、ごく普通の生活をしている。

むつ市の南側が、東北電力の原発が一基建設され、東京電力が一基建設している東通村であり、さらに南下すると、再処理工場が建設されている六ヶ所村である。むつ市の西側隣接地が、電源開発がプルトニウムとウランを混合した、ＭＯＸ燃料を全量使用する原発を建設している、大間町である。

六ヶ所村、東通村、むつ市、大間町と四つの市町村で、ウラン濃縮から原発、使用済み核燃料の処分場、と核産業のほとんどを引き受け、「来なかったのはウラン鉱山だけ」といわれている。これほどの悲しい集積はない。

これらの計画は、六〇年代後半からすでにあったのだが、発表されたのは八〇年代になってからだった。二〇年近くも秘密にされていたのだ。

非科学的精神に汚染された「原発」

日本の原子力政策は、中曾根康弘元首相がまだ若かった、五四年三月、抵抗する学者の「頬っぺたを札束で張って」(中曾根談、のちに本人は否定)はじめられたのは、よく知られている。

このあと、原子力産業の横暴を防ぐため、「自主、民主、公開」の三原則が定められたが、それはいわば「イチジクの葉っぱ」とされてきた。「迎合、従属、秘密」の三原則であり、「非民主、非人間性、非倫理性」の三原則であって、人間の存在と未来への対立物となっている。

原発推進派の「絶対矛盾」は、「安全」を掲げるしかないことである。「絶対安全」など、どこの社会にもありえない、危険なものはつくらないのが、基本的な安全対策なのだが、絶対危険な原発からはじまった歴史を覆い隠すのは難しい。

だから隠しきれる事故なら、なかったことに隠蔽するし、隠蔽しきれない大事故は、できるだけ小さく発表する。それが行き詰まって、今回のように住民の避難に後《おく》れをとったばかりか、事故に先手を打って解決せず、いたずらに被害を大きくした。

原発は「主観的願望」の塊《かたま》りであり、「事故はない」という非科学的精神に汚染されている。主観が極まったオカルトでもある。

原発はアメリカのアイゼンハワー大統領時代の、「原爆の商業利用」からはじまったのだが、このときの拡販のキャッチフレーズが「アトムズ・フォー・ピース」。商業利用でしかない原発を、「平和利用」に化けさせたのである。

言い換えと詐術は、原発建設の常套手段になった。原発があたかも、「赤頭巾ちゃんのおばあさん」を食べにきた狼のように、白粉を塗りたくって各地のドアを押した例は、拙著『日本の原発危険地帯』や『六ヶ所村の記録』に詳述した。

デマと隠蔽

わたしが原発を許せないのは、巨額の国家資金と膨大な利益（地域独占、発送電一体化、高料金）によって集まったカネで、政治家に献金、官僚の天下り、学者に研究費、マスコミに莫大な広告費と買収によって、社会に批判者をなくす全体主義を形成してきたからである。

中曾根氏の核武装を狙う核推進と田中角栄氏（彼が三億円もらった話はよく知られている）、渡部恒三氏など「核とカネ」は、政治の退廃をつくりだしてきた。

事故は絶対ないとは、デマゴギーであり、事故があっても事故でない、とマスコミをいいくるめてきた。それはこれまで、四〇年間も操業しながらも、放射線による職業病患者が、死者をふくめても一三人しかいないことによくあらわされている。これほどの隠蔽はない。

被曝労働者の発生は日常である。しかし、認定しなければ、ゼロになる。こんどの福島原発事故によって、これから膨大な被曝労働者が発生する見通しになるが、それが労災として認められるかどうか、労働行政の問題である。

僻地の住民と身分不安定な労働者、それはダブった存在でもあるが、かれらにたいする差別構造のうえに、原発が辛うじて存在してきた。非民主的とは、原発の地方議会への関与のことをいうのだが、労働者を犠牲にしている非人間性支配でもあり、カネで買収する非倫理性である。

それでも、この巨大な、国家と独占資本が結託した原発の「黒い手」の誘惑を、はね除けた地域がある。わたしが実際訪問しただけでも、新潟県巻町（現、新潟市）、宮崎県串間町、山口県豊北町（現、下関市）、福島県浪江町・小高町などだが、ほかにも、高知県窪川町（現、四万十町）、三重県芦浜地区（南伊勢町・大紀町）、和歌山県日置川《ひきがわ》町（現、白浜町）などがある。住民闘争の勝利だった。これらの教訓を学ぶ必要がある。

第２章

原発被曝と差別構造

敦賀原発１号炉の定期検査（炉心部入口）。
放射線量が高く、人海戦術による作業（1977年７月）

わが内なる原発体制

「毒まんじゅう」と「モルヒネ」

福島原発が放射能を放出しつづけている。その陸側の集落には、津波に呑み込まれた遺体が放置されたままだ。亡くなった数百のひとびとが、建物の下敷きになり、雨に打たれ、放射能をふくんだ風に曝されている。その壮絶な光景を、わたしは想像できなかった。

しかし、津波が原発に襲いかかるのは、「想定内」だった。海水が去って海底があらわれる。取水口がむなしく露呈して、原子炉が空だきになる。あるいは震動によって配管が破断され、緊急炉心冷却システム（ＥＣＣＳ）が作動せず、炉心が溶融する。

今回は外部からの電源が切れたあと、非常用発電機が、津波によって押し流された。さらに格納器の容量がちいさかったので、ガス放出弁をあけ、爆発を防ぐため炉内に充満したガスと放射性物質とを大気中に逃がした。

チェルノブイリでは炉心が爆発、地球規模で放射能をまき散らしたが、住民の急性死亡はなかった。トラックで消防士や兵士が動員され、背中丸出しの人海戦術で、片付け作業をした。

そのドキュメンタリー映画をみて、わたしはドキッとしたが、いま、彼らのうち、どれだけが生存しているのだろうか。

爆発しそうな原子炉に、水をかけつづけている。汚染された魔水が海に流され、海に棲む魚に放射能が蓄積される。臨界と暴発を防ぐためにはたらかされている、数多くの下請け、孫請け労働者たちは、やがて被曝の後遺症で苦しむことになるであろう。

それでも、わたしたちはかれらにむかって、「原発に行くな」とは叫ばない。だれかが、家族以外のだれかが、原発の暴走を食い止めなければならないのを知っているからだ。原発が放射能を吐きつづけ、ひとびとは避難区域の境界線にたたずむ。その地域はさらにひろがり、遺体は見棄てられたままだ。

余震が続いている。恐怖が強まっている。地震の活動期にはいったようだ。原発は地震と両立しない、といい、直下型の「東海地震」とその活断層のうえにある浜岡原発の破綻を指摘しながら、原発建設を止める行動に全力をあげなかった。

いま、余震のたびにテレビは、原発は「異常なし」とつたえる。宮城県の女川《おながわ》原発、青森県の東通《ひがしどおり》原発、六ヶ所村再処理工場もいまのところは、「異常なし」である。しかしそれは、ギリギリのところでの「異常なし」なのだ。いままで、音をたてることもなく、忘れられていた原発の動静が、ようやく心配されるようになった。

すでに被害は大きい。遠く離れても、野菜と牛乳が侵され、水と空気と土とが汚染されている。住民は故郷には帰れず、原発暴走の危機はまだまだつづく。

原発を動かしてきたのは、カネだった。カネ以外に、理想や夢や哲学が語られることはなかった。地域にどれだけのカネが落ちるか、それが受け入れの条件だった。農地も漁場も買収された。電力会社と国と県とが、カネにあかして原発の恐怖を圧《お》し潰した。これほどカネまみれの事業はない。電源三法による「原発立地交付金」、周辺には「周辺立地交付金」、政府と電力の「毒まんじゅう」であり、モルヒネ注射。いったん引き受けると、「毒を食らわば皿までも」と増設に期待した。

自治体の選挙には、電力とゼネコンとが一体となって、自民党の原発容認候補を推した。電力総連、電機連合、基幹労連などの関連産業の労組が原発推進、ナショナルセンター・連合も原発賛成、その支持政党の民主党も大賛成、与野党癒着、原発翼賛体制が恐怖の原発社会をつくった。

村や町や市の首長たちに、「安全だと思うのですか」と尋ねると、みなおなじように、「国が安全だ、といっています」と澄ました顔だった。マニュアルに書いてあるような言い方だった、というようなことを、わたしは原発地帯をまわって書いてきた。


「ある日、テレビが金切声をあげる。

『○○原発に重大事故が発生しました。全員退避して下さい』

が、光も、音も、臭いも、なにもない。見えない放射能だけが確実にあなたを襲う」

（『ガラスの檻の中で』一九七七年刊）

「ある鉄鋼メーカーは、その労働条件の劣悪さから、『カネと命の交換（鋼管）会社』といい伝えられてきた。というなら、原発は、その極限である。すべてをカネによって測る価値観がひろがることが、放射能汚染のように恐ろしい。『カネは一代、放射能は末代』である」

（『日本の原発地帯』一九八二年刊）

「いまのわたしの最大の関心事は、大事故が発生する前に、日本が原発からの撤退を完了しているかどうか。つまり、すべての原発が休止するまでに、大事故に遭わないですむかどうかである。大事故が発生してから、やはり原発はやめよう、というのでは、あたかも二度も原爆を落とされてから、ようやく敗戦を認めたのとおなじ最悪の選択である」

（『原発列島を行く』二〇〇一年刊）

「なぜ、電力会社を信用できないのか。彼らは『事故などありえない』といいつづけるしかない宿命にあるからだ。というのも、原発にたいする反対論の中心は、原発はかならず事故を引き起こす、というものだから、それへの反論は『事故など絶対にありえない』という非科学的なものにならざるをえない」

（『週刊金曜日』二〇〇四年八月二七日号）

大事故が発生して、政府は「緊急事態宣言」をだしながらも、まだ未練がましく、「繰り返しますが、放射能が現に施設の外に漏れている状態ではありません。落ち着いて情報を得るようにお願いします」と強弁、被曝者を大量に発生させた。

新聞は「今回の地震では、心臓部である原子炉に損傷が見つかっておらず放射能漏れも認められていない」(『朝日新聞』三月一二日朝刊)と東京電力の大本営発表を垂れ流した。監督官庁の経産省、原子力安全・保安院は、原発推進の国策を祀る「護国神社」にすぎない。

総力戦だった原発推進

原発戦争の戦犯ともいえる、日本原子力技術協会の石川迪夫《いしかわみちお》最高顧問は、原子炉建屋《たてや》が水素爆発で破壊され、大量の放射能が、大気中と海中に流出していた三月二五日におよんでも、記者会見で「福島原発収束の方向」(『毎日新聞』)といい張っている。

勝俣恒久・東電会長と清水正孝社長は、原子炉への海水注入の遅れなどについても、「対応にまずさを感じていない」と突っ張っている。「原発は絶対安全」といってきた手前、なにがあっても認めない。日本は絶対負けない、という「神風神話」である。これだけの人間と社会と子どもの未来に打撃を与えてなお、人間的な反省の言葉はない。

一九五四年、アメリカ政府の招待旅行から帰ってきた中曾根康弘代議士は、早速、ウラン2

35をもじった原発予算を提案、公安警察出身のメディア王・正力松太郎ともども、原発推進のラッパを吹き、与野党政治家、官僚、電力会社、財界、学者、裁判官、マスコミ一丸の総力戦となった。

原発反対派は、かつての戦争反対派のように、弾圧され投獄されたわけではない（佐藤栄佐久・前福島県知事の例もあるが）。が、対決のこころが弱かった。行動がたりなかった。拒否の思想と行動、切迫感が弱かった。

大量の被曝者と故郷喪失者、生業を喪った農漁民、これから発生する未来の被曝者たちから、批判されることになるであろう。原発反対といいながらも、いつしかその原発体制のなかで生きていることを、忘れていたのだ。

放射線量の高い地区にある保育園の土地の洗浄。大きな穴を掘り、表土の土を深い所に埋め、掘った土をかぶせる。遊具なども2.114マイクロシーベルトが検出されており、園児23名のうち、14名がすでに避難（福島市渡利。2011年6月）

原発はモラルに反している

なぜ原発に反対するのか

原発に関して問題になっているのは、もちろん今度の東電福島第一原発事故のような危険性のこともあります。私自身も、『ガラスの檻の中で――原発・コンピューターの見えざる支配』(国際商業出版)という本を70年代に出していまして、その中で「見えない放射能があなたを確実に襲う」ということも書いています。

それはほとんどの原発反対派の人が見ていた未来像だったわけで、それを指摘していながら、誰も止めることができなかった。どうして止められなかったのかという問題について、「週刊金曜日」臨時増刊号(2011年4月26日)に「わが内なる原発体制」という文章を書いています。結局、反対とは言いながら、その体制を支えてきてしまったんではないか、そういう思いで書いた文章です。

原発に反対している理由として、もうひとつ、他の人たちがあまり指摘しないことがあります。私自身が原発地帯を何度も回って、地域の人たちの話を聞いて出した結論は、原発の存在自体がモラルに反しているっていうことです。つまり、どんなにいやだと言っても、カネだけで説得してきたということです。「迷惑施設」とよくいいますが、それは言葉の使い方で、本来は「危険施設」なんです。危険を強制していくのが、カネによる「説得」ということです。

たとえば、青森県のむつ市にいま使用済み核燃料の中間貯蔵施設が建設中です。工事の事故で建設自体は止まっています。実は、むつ市の市役所はかつてのダイエーの店舗を使っています。

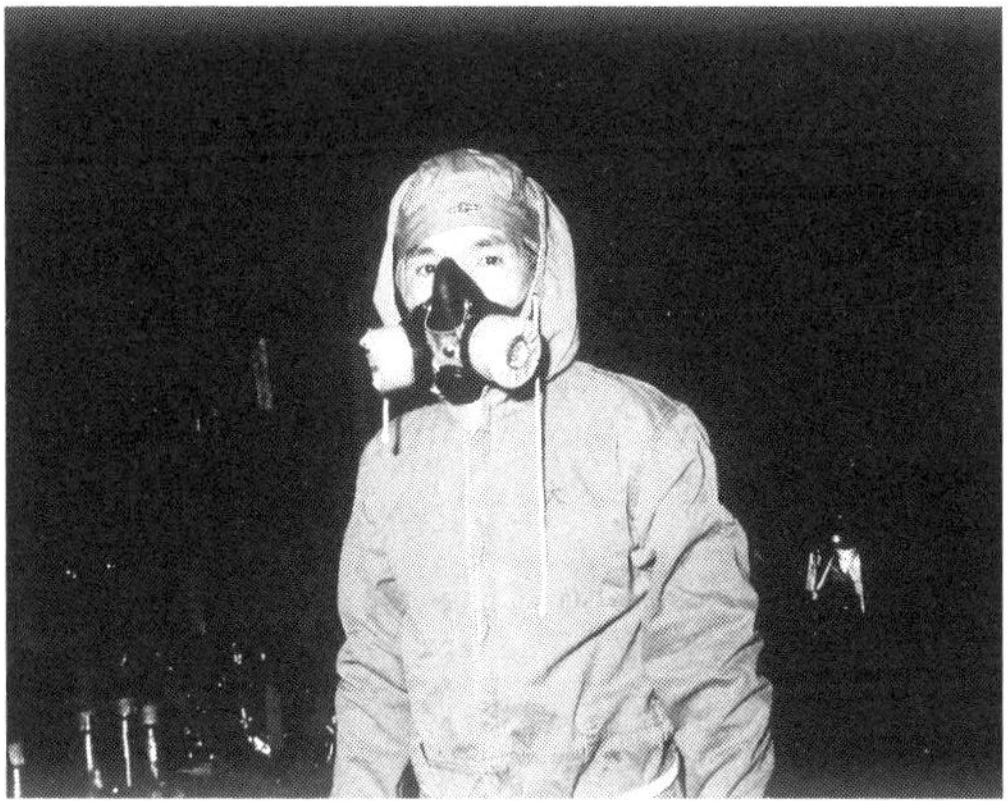

重装備の服装に身を固め、マスクをつけての作業となる。全面マスクの場合、前が見えにくいため、マスクをはずしての作業を余儀なくされることもある（敦賀原発の定期点検中。1977年７月）

市役所ってのはふつう、５階とか10階とか高さがあって、地域の住民を睥睨《へいげい》するわけですけど、むつ市の市役所は、平たい、カニが謝っているみたいな建物です。ダイエーが、下北半島の中心地だからということでむつ市に進出したんですが、計算違いで撤退しました。それを東京電力が全部一括して18億円を支払って、いま市役所の庁舎になったんですね。福島のＪヴィレッジは１６０億円で買い与えました。

欲しいものはなんでもカネで与える、それによって原発を推し進める。自治体も、何でもいいから要求する。以前は、寺院を作ってくれって話もあったりしました。打ち出の小槌みたいな感じです。そういうことを許してきているんですね。電力会社はコストを電気料金に計上すると何の痛痒もない、株主の利益もちゃんと配当で出る。そして、地域独占ですから、競争相手がいない。これを許してきたのです。

それから、かつての通産省、現在の経済産業省が日本の原発を一貫して進めてきた原子力行政のメッカですけど、その中に原子力安全・保安院という、原発の安全をチェックする機関があるわけです。

私は、ピッチャーとアンパイアが一緒だっていうふうに言ってきましたけど、汚職のでっち上げで落とされた、元福島県知事の佐藤栄佐久さんは、犯罪者が警官をやってるみたいなもんだと言っています。私よりも強烈だなと思いますが、原発に反対していて汚職をでっち上げられ、逮捕されたという恨みがありますから、もっと激しい言い方なのです。

フィクションとしての原発

どうしてそういうことが全部まかり通ってきたかというと、原発自体がフィクショナルな存在だからなんですね。安全だと言わないと進まないわけです。

ところが、原発は危険なんです。危険なものを安全と言わなきゃいけない。でも、これまでもいろんな労働者が、原子炉はものすごく入り組んでいるから、地震の振動でパイプが切断されるってことを昔から言っているし、何十キロメートルにわたっているパイプを、下請けの孫請けで作るわけですから、どうしても手抜き工事になるんですね。でも他に業者がいない。完璧にやることは、コストを計算する民間企業では無理なんです。

よく「安全神話」と言っていますけど、安全「信仰」なんですね。迷信なんです、原発は。絶対安全だという宗教で、何かあってもそれでつなごうというもの。国が、電源三法という、地域が原発を引き受ければカネを払うというしくみを作ってきた。原発が稼働してから交付金を払うのではなく、用地を決めるともうお金を払います。稼働10年前から、10年間でおよそ450億円ずつ払います。稼働しはじめると、10年間で固定資産税など500億円が入る、と資源エネルギー庁が宣伝しています。交付金がなくなってしまって、さらにこんどは固定資産税が毎年減っていく。

それまでの間、原発を誘致した首長は、自分の政治力を誇示するために、地域に見合わないようなでっかい体育館や公民館などのハコモノを作るんですが、それを維持できなくなってしまう。それで、もう一基原子炉を作ってくれ、もう一基作ってくれっていう形になる。福島第一原発も、震災前は7号機、8号機を誘致していました。

原発周辺というのは、私に言わせれば、「裏切り地帯」なんです。反対していた人がどんどん賛成に変わっていく。典型的な人は――第1章でもあえて実名で書いており、繰り返しますが――福島県の県会議員だった岩本忠夫さんという人です。この人には、彼が原発反対のころからずっと会っていました。なかなか人格者で私は尊敬していました。電力会社の妨害で選挙に落ちたこともあります。妨害と口で言うと簡単なんですけど、六ヶ所村だったら、村長選で一票3万円ぐらいでした。

岩本さんはのちに福島第一原発のある双葉町の町長になりますけど、100%転向して増設要求をするようになりましたね。町の財政をどうするかってときに、やっぱり原発からカネを引き出すしかないという結論になったんだろうと思います。転向した後もお会いしたことがあるんですが、お嬢さん二人が東電の社員と結婚したということもファクターになったらしい。こういう、反対派の人で、息子を東京電力とか関西電力とかに就職で引き受けてもらってから、変わってしまった例は無数にあります。

被曝労働は日本の労働構造を象徴している

それから、被曝労働の問題です。防護服といっていますが、防護服がどれだけ防護するかよくわからないところがある。一生懸命シャワーで体をこすったりして落としているんでしょうけど、だいたい放射性物質の被曝って蓄積していきますから。いま、原発労働者は、今度の原発事故を契機に年間250ミリシーベルトまでっていう被曝の基準が出ていますが、以前は100ミリシーベルトでした。このとき、一般人は50ミリで労働者は100ミリでいいとなっていました。

このときから僕は問題にしてました。人間にいったいどういう種類があるのか。被曝してい い人間と被曝して悪い人間との差があるのか。原発で働くんだから被曝してもいいという論拠なんですね。いまは非常時だからもっとそれも上げてもいいという、そういうふうになってきている。

これまで、被曝労働で労災認定された人は十数人しかいません。いろんな裁判がありました。しかし、日雇い労働者ですから、ましていろんな地域を転々として回っているうちに被曝した人たちですから、裁判闘争やれって言ったって、まず無理ですよね。お金もないし、バックアップする人もいないし、証明する資料もない。いろんな被曝労働者が現れてこれから社会問題化するでしょうけど、それをどういう風にして国が認めていくのか。

福島第一原発が始まったころに、白血病とかガンとか小頭症とかが発生しているっていうんで、私も取材に行ったことがあるんですが、結局、病院に行くと、そういう患者はいるけど、因果関係を証明できない。いままできちんと調べていれば、地域の疫学的な統計上の差が現れるのかもしれませんけど、昔の統計がない、ということで、なかなか疫学的に証明できないっていうんで、それっきりになってしまっていました。

被曝労働は、日本の労働構造の集約的な象徴なんですね。元請けがあって下請けがあって孫請けがあって曾《ひ》孫請け、「曾々《ひひ》」孫請けがあって、8段階ぐらいになっている。事故当時は、1時間2万円ぐらいといわれていましたが、平常時は1日1万円ぐらいでしょう。元請けがいくら払って、いくらピンハネされたかはわからない。日本の資本主義が成立したころから、北九州八幡の官営製鉄所が始まったころから、本工と日雇い人夫の重層的な労働構造がずっとあったわけです。日本の資本主義を発展させてきた構造が、いまコンピューター社会、原発社会になって、むしろ拡大してきました。

こないだ、原発でお父さんが働く子どもが毎日新聞に投書して採用されたものが問題になりましたよね。電力会社だけが悪いのか、みんな悪いのではないか、都会に住んでいる人も電気使っているんじゃないのか、という批判です。

これはもう根本的にまちがっています。あくまでも、政府と電力会社の責任です。都市住民の責任じゃない。無関心であったという意味では責任はありますが。みんながいやだいやだと言ったのに、カネで押しつけてきた、そういう原子力行政なんです。私は、「原子力発電」ではなく、「金子《きんす》力発電」だと呼んでいます。

何も電気をつくるのに、原発使う必要ないんですね。そういう巨大な無駄を、これまでやってきたわけです。原爆のヒバクシャの犠牲をまだ処理できないうちに、またあらたな犠牲者をつくったことは、原発反対運動が弱かったからです。今度こそ、原発を止める。その運動が必要です。

オキナワとフクシマ

反対運動勝利も

原発反対のひとたちが、なぜ、原発に反対してきたか、といえば、原発は危険だからである。危険を知っていたからこそ、いま原発のある18カ所の立地地域すべてで、反対運動があった。しかし、残念ながら、ついに福島第一原発の大事故をとめることができなかった。

原発のある町とは、反対運動が敗れた町、といっても過言ではない。しかし、いま、原発の影も形もない、いくつかの地域で、原発反対闘争があったことを合わせて考えれば、いかに原発がひとびとから、危険物として嫌われてきたかを理解できる。

たとえば、用地を買収されていながら、根強い抵抗をつづけ、ついに建設を断念させた例として、新潟県巻町《まきまち》（現、新潟市）、石川県珠洲《すず》市の住民運動がある。

福島第一原発の大事故によって、これからの新規立地が否定的になったのが、計画が進んでいた、福島原発に近い浪江・小高原発（東北電力）と、漁民の抵抗が強い山口県の上関《かみのせき》原発（中国電力）などである。

さらに工事がはじまったとはいえ、反対の世論がたかまっているのが、わたしの故郷・青森県の大間原発、東通《ひがしどおり》原発である。おなじ青森県六ヶ所村の再処理工場は、もっとも危険な核工場であり、福井県の「もんじゅ」とともに、廃棄すべきだ。

原発反対運動は、敗北だけではなかった、という事実は、もっと強調されるべきだ。勝利の記録は書き残す必要がある。それらを列記すると、三重県芦浜地区、和歌山県日置川《ひきがわ》町（現、白浜町）、同日高町、山口県豊北《ほうほく》町（現、下関市）、宮崎県串間市などがある。それぞれ、住民運動が原発を追い払った誇り高き町である。

それでは、なぜほかの地域は反対していたのに敗退したのか、である。

原発が建設される地域は、県内でも極端に過疎地域である。島根原発こそ県庁に数キロという場所にあるが、経産省の「原子炉立地指針」にもあるように、「周辺公衆との離隔の確保」というのが、立地の適合条件である。

安全基準のひとつが、人口の少ないところ、というのが、原発猛進の経産省自体が、原発の安全性に疑念をもっていることを示している。

過疎地とは、道路、橋、港など、いわゆるインフラが遅れているところである。道がほしい、橋がほしい、港がほしい、という渇望の目の前に、ぶら下げられたのが、毒まんじゅう原発だった。

それでも、温排水によって漁業が悪影響を受けるとして、漁民は漁業権放棄に反対してきた。長い時間をかけて、たとえば東通村の原発建設は、用地買収から40年もたってから着工されている。その間に補償金は、3倍、4倍、5倍と吊り上げられてきた。

とすると、補償金ほしさに抵抗していたのか、ゴネ得か、という批判がでそうだが、そうではない。長い時間をかけての攻略に、ひとびとが疲れ果てて、というのが実際である。地域の巨大企業である電力会社は、カネと人間を際限もなく送りだしてくる。

少数犠牲の構図

原発地域と沖縄は共通している、という意見が最近でてきた。少数が多数の犠牲になる、という図式である。たしかに、沖縄本島で圧倒的な存在感のある基地は、「本土」の非存在感と対照的だ。それは危険負担の不平等でもある。

三沢、岩国、横田、横須賀などと、「本土」にも巨大な米軍基地がある。それでも、沖縄の過剰存在とは質がちがう。過剰存在でいえば、日本の原発は54基、米仏についでいる。とはいっても、国土のひろさがまったくちがう。それも、東北の青森、福島、宮城、日本海側の新潟、福井と偏在している。

原発は、日本列島の辺境に押しつけられた危険施設である。しかし、米軍基地を押しつけられた沖縄は、辺境ではない。歴史の深い、誇り高き国である。

とすると、原発立地地域と沖縄とは、なにが共通していて、なにがちがうのか。そして一緒にたたかう課題はなにか、というテーマが浮かび上がってくる。

5万人集会企画

「いまのわたしの最大の関心事は、大事故が発生する前に、日本が原発からの撤退を完了しているかどうか。つまり、すべての原発が休止するまでに、大事故に遭わないですむかどうかである。大事故が発生してから、やはり原発はやめよう、というのでは、あたかも二度も原爆を落とされてから、ようやく敗戦を認めたのとおなじ最悪の選択である」

と、10年前にだした『原発列島を行く』(集英社新書)に書いたが、結局、わたしたちは、大事故前に原発社会から脱出できなかった。脱原発の運動に本気で取り組んでいなかった、との自省がある。

それで繰り返すが、2011年9月19日に「さようなら原発5万人集会」を準備し、1000万人署名を集める運動をはじめた。呼びかけ人は、内橋克人、大江健三郎、落合恵子、澤地久枝、坂本龍一、瀬戸内寂聴、辻井喬、鶴見俊輔さんと鎌田である。ほかにも石川文洋、宇沢弘文、上野千鶴子、大石芳野、山田洋次さんなど100人を超える賛同人がいる。大集会前の9月10日には、大江さんなど呼びかけ人の講演会をひらいた。

ヒロシマ、ナガサキ、フクシマだけで、核の犠牲者を食い止めなければ、いったい戦後の平和運動とはなんだったのか、と問われることになる。

意見のちがいや運動のちがいを超えて、とにかく、原発の被害にはもう遭わない、子どもたちの未来を脅かす核政策は廃棄する、との運動を拡大させ、脱原発、自然エネルギーへの転換を実施する。それが目標の運動である。

運動のきっかけは、フクシマのあと、ヨーロッパではすぐに20万、30万人の大集会がひらかれたが、日本では1万、2万で終わっている。もっとさまざまな声をだそう、というのが動機である。

それには、沖縄の教科書検定批判の大集会と辺野古基地建設反対集会の昂揚《こうよう》が影響している。ふたつの集会には、わたしも参加しているので、沖縄のように本気さがたりない、まだ原発拒否の大きな力をだしきっていない、という反省である。

いまの沖縄の辺野古基地反対の運動は、「反対」ではなく、「拒否」だと思う。県知事と県議会、名護市長と名護市議会、あるいは地域の自治会、その一致した拒否は、基地の歴史を背負っている。それでも、なお、基地を押しつけようとするのは、日本政府の侵略行為である。

もっとも厭なものを、もっとも虐げられているところに押しつけるのは、差別である。原発でもっとも危険なものを、もっとも虐げられてきた地域に押しつけてきた。

しかし、沖縄と原発との大きなちがいは、沖縄は受け入れていないのに、押しつけられているることであり、原発は受け入れていることである。一方では、ノーと拒否しているのに、いうことを聞け、といい、もう一方はイエスといわせる実績をつくったことにある。

これは決定的なちがいである。たしかに原発容認は、住民の総意ではない。地域ボスや市町村長と議会の承認を受けている。議会で受け入れると、待っていました、とばかりに、何十億円もの交付金が国から支給される。補償や土木工事のクスリ漬けである。

「民主的」は欺瞞

しかし、炉心溶融（メルトダウン）以後のフクシマの悲惨は、放射能汚染と内部被曝による恐怖であり、故郷喪失であり、一家離散であり、動植物の大量死である。フクシマは平和時の被曝であったとはいえ、ヒロシマ、ナガサキとおなじ悲惨となった。

平和時といっても、原子炉が爆発するような社会を、平和ということはできない。それも4基連続の爆発と炉心溶融である。沖縄戦とおなじように、ひとびとは逃げ場を失い、家族を喪《うしな》い、故郷を喪った。民主主義的な形式は欺瞞《ぎまん》である。本質は沖縄に対する強権的な接収とおなじ悲劇となったのである。

政財官、学者マスコミ、裁判所が結託した「原発絶対体制」は、民主主義の敵である。中央集権と地域独占、発電と送電の独占、電力料金の独占価格、地域差別、被曝者を無限に生みだす労働者差別、被曝労働にささえられる発電、未来を無限に汚染する核廃棄物、核産業に依存する社会の不安、中央集権国家の地方への強制、なんと沖縄差別と原発差別は似ていることか。

原発は差別の上に建つ～東電福島第一原発事故と原発の差別構造～

反省を強いられた福島原発事故

――東電福島第一原子力発電所の一号機から四号機が、二〇一一年三月一一日の東北地方太平洋沖地震（マグニチュード９・０）によって国際原子力事象評価尺度で最悪のレベル７に達する大事故を起こし、環境中に大量の放射性物質をまき散らしました。原子力安全・保安院でも、放射性ヨウ素に換算して七七万テラ（兆）ベクレルの放射性物質が放出されたと推定しています。この事故をどう思われましたか。

鎌田　原子力発電所（原発）に批判的な人たちは、地震国の日本では必ず事故が起こると想定して、原発に反対してきました。事故のシナリオは、ひとつは、地震によって津波が発生し、津波の引き潮の際の水位低下で原発の取水口から海水を取り入れられなくなって、炉心を冷やすことができなくなり、メルトダウン（炉心溶融）するというものでした。もうひとつは、地震によって原発に無数に走っている配管が破断・破損して、やはり冷却水が供給できなくなり、メルトダウンにいたるというものです。この二つのシナリオが原発反対派の、いわば常識でした。

これに対して原発推進派は、原発の核燃料は、燃料ペレット、燃料被覆管、原子炉圧力容器、原子炉格納容器、原子炉建屋《たてや》という五重のバリアによって守られているし、緊急時に炉心を冷却する装置を何重にも施しているから、環境中に放射性物質が放出されることはないと主張してきました。

今回の事故で推進派の主張がすべて吹っ飛んでしまいました。事故の様相は多少違うけれども、批判されていたとおりのことが起こったわけです。

私たちは、東海地震の想定震源域にある浜岡原発がもっとも危ないと警告してきましたが、実際には福島で事故が起こってしまいました。地震国である以上、どこの原発でも事故の可能性があるということです。

事故で私も反省を強いられました。力を尽くしていなかった、運動が足りなかったという反省です。たしかに原発の危険性をずっと訴えてきましたが、事故を想定していたのだったら、少しでも早く廃炉にしろ、原発をやめろという運動をしなくちゃいけないわけです。ただ反対と言っていただけで、結局、想定していた事故をむざむざと起こしてしまいました。アジア・太平洋戦争のとき、心ある人々は戦争反対を言っていましたが、やはり戦争を阻止することはできなかった。それと同じだという反省があります。

柏崎・伊方の取材から始まった

――ただ、鎌田さんは非常に早くから、原発立地が計画されたり立地している現場で原発反対の立場から取材を続けてこられましたね。

鎌田　最初は一九七三年でしたか、いま柏崎刈羽《かしわざきかりわ》原発がある新潟県柏崎市に原発反対闘争の取材に行っています。当時、各地に原発反対の人たちはいたけれど、デモや集会をするような大衆的な原発反対闘争があったのは、この柏崎と愛媛県の伊方町だけでした。柏崎のあと、伊方も取材しました。当時は公害反対闘争が各地で盛り上がっていた時期で、私は公害反対闘争の取材から入って、同じ住民闘争ということで柏崎に行き、伊方をまわって原発の勉強を始めるようになったわけです。

そのころ、樋口健二《ひぐちけんじ》さん（写真家、本書八九ページ～で対談）も柏崎の取材に入っていました。福島原発一号機が一九七一年に稼働しますが、それから二、三年して、被曝労働の問題が現れてきます。私は七四年に福島で被曝労働者の取材をしましたが、樋口さんもここから被曝労働者の問題をずっと追求するようになりました。

柏崎の前、七〇年ぐらいに青森県の六ヶ所村にも行っています。これは「むつ小川原《おがわら》開発」という巨大開発に対する反対運動を取材するためでした。しかし、その開発計画のなかにすでに核関連施設の計画も入っていたんです。

お金で過疎地に押し付ける

――原発の立地地域には、共通する構造がありますね。

鎌田　それは過疎地だということです。国の原子炉立地審査指針では、人口の多いところから離れていることが原発立地の条件になっています。福島原発のあるところは、浜通りといって開発されていない寂しい海岸でしたし、原発が密集している福井県の若狭《わかさ》も貧しい集落ばかりでした。原発のあるところは、みんなそうです。

――しかも、そこでつくられた電気は、地元で使われるわけではなくて、福島原発ですと、東京などの首都圏に送られていますね。

鎌田　東京電力の所有する原発は、新潟県の柏崎刈羽に七基、福島の第一と第二で一〇基の計一七基で、青森県の東通《ひがしどおり》村に建設中が一基あります。すべて東北電力の管内で、奥羽《おうう》と越後《えちご》に集中しています。とにかく人が少ないところに原発を押し込んだわけで、これは、事故が発生したときに死傷者が少ない、補償金の額が少ないということを意味しています。彼らの言う「安全」とはそういう意味です。

「白河以北一山百文（白河の関より北の地は、一山で百文にしかならない）」という東北をおとしめた表現がありますが、原発というのはそれを地で行っています。

原発にはそういう差別構造がありますが、でも、これは東京都民が差別をしているわけではありません。都民は別に原発を造ってくれと言っていないし、自分の使っている電気が原発でつくられているか、火力発電でつくられているか、わかりません。たしかに都民にも、差別構造の上に乗っかって電気を使っていながら、それに無関心であった罪はありますが、原発を選択し推進の方針をつくったのは、自民党政府であり電力会社です。そこは区別すべきです。

原発立地地域は、政治からまったく見捨てられていたところで、インフラがなく、道路が欲しかったり、港が欲しかったりする。そこに道路や港を造るとか、仕事がくるということで、原発を受け入れてしまうわけです。

原発立地を推進するために、電源三法（発電用施設周辺地域整備法、電源開発促進税法、電源開発促進対策特別会計法）が一九七四年、田中角栄《たなかかくえい》内閣のときにつくられました。原発を受け入れた地域（立地市町村、周辺市町村、都道府県）に対し、その見返りに交付金として税金を注ぎ込む制度です。

たとえば、一三五万キロワットの原発を一基造るとすると、議会が誘致を決定した段階から運転を開始するまでの一〇年間で、合わせて約四八〇億円の交付金が支払われます。そして、運転開始から一〇年間では、固定資産税などで約五六〇億円が入ってきます。民間企業の事業を進めるために、血税を投入するというひどい制度です。

また、立地地域にはもともと産業がなくて、都会に出稼ぎに行っている人が多かったんです。しかし、原発建設が始まると、建設工事の仕事に就くことができます。単価は安くなっても地元で仕事ができるから、そのほうがいいわけです。もちろん、建設工事を請け負うのはゼネコンで、地元は孫請け、曾孫請けになりますが、それでも仕事が入ってきます。さらに漁民には、漁業権放棄に対する補償金が支払われます。原発は海を埋め立て、大量の温排水を海に流しつづけますから、漁業がダメになるんです。

つまり、お金がすべてです。安全じゃないものを安全だと説得するわけですから、結局、お金で押し切っていくしかないのです。だから私は、原子力発電所ではなく「金子《きんす》力発電所」だと言ってきました。原発は、金の論理で地域の政治、経済、文化を破壊していきます。これはまったく民主主義と人間の倫理に反することです。

被曝労働で電気をつくりだす

――原発は、いったん事故が起こると、環境中に放射性物質が放出され、取り返しがつきません。

鎌田 今回の福島原発事故では、事故を収束させるために人海戦術で作業をしていますから、被曝労働者が大量に発生しています。彼らは英雄扱いされていますが、被曝によって今後どんな影響が出てくるか、たいへん心配です。それでも、私たちは彼らを手をつかねて見ていることしかできません。

当初、線量計を持たされていなかった労働者も多くいました。一号機、三号機、二号機、四号機の水素爆発の際にはみんな相当量の被曝をしているはずです。ところが、労働者の体内被曝も含めた被曝量の検査もまだすべて終わっておらず、行方不明者は数百人に達しています。被曝労働をさせる場合、すべての労働者の被曝量を管理しなければなりませんが、それができていないこと自体が大問題です。

もともと、被曝現場で働く労働者の供給を下請け企業や派遣会社に依存する差別的な就労構造になっているので、こんなことが起こるわけです。また、事故が起こってから、それに対処するために労働者の年間被曝限度量が、従来の一〇〇ミリシーベルトから二五〇ミリシーベルトに引き上げられました。ひどい話だと思います。

しかし、労働者の被曝は事故のときだけの問題ではなく、ふだんから発生しています。定期検査のときには、人間が放射線量の高い場所に入っていかないと、修理やメンテナンスができませんから、労働者は被曝せざるをえません。原発は、日常的に被曝者を生み出しながら、その犠牲の上に立って電気をつくりだしてきたわけです。

一九七四年に私が福島を取材したころは、原発の周辺に原発で働いて被曝した労働者がたくさんいて、がんや白血病なども現れてきていましたが、被曝との因果関係が証明できなくて苦しんでいました。電力会社は、最初のころは、近くの農民を被曝現場の労働者に使っていたんですね。ところが、被曝の問題が周辺地域で噂になってくると、それからは遠くの労働者を使うようになりました。

政官財の癒着で推進

鎌田　今回の事故で、大量の放射性物質がまき散らされ、原発の周辺地域では故郷を失った人たちがたくさん出て、そこにいた牛や豚、鶏などの家畜も野垂れ死にをしています。外国にも放射性物質が流れています。これだけの大惨事を起こしていながら、政府（インタビュー当時）には、与謝野馨や海江田万里など、まだ原発を推進しようとする人たちがいます。私は、この姿を見て、太平洋戦争を聖戦と呼んで最後の一兵卒まで戦え、と言ってきた「玉砕」の精神を連想します。

戦後、政府の原発政策を中心となって推進してきた中曾根康弘も、事故後の新聞のインタビューで、「これを教訓として、原発政策は持続し、推進しなければならない。……雄々しく前進しなければならない」と言いました。これは、原発の利益に絡んできた財界・政治家・官僚・学者の意見を代弁しています。原発は二酸化炭素を出さないクリーンエネルギーだと宣伝されてきましたが、これはけっしてクリーンではない、政官財が癒着したきわめて汚れた構造によって推し進められてきたのです。

原発の事故は破滅的なダメージを人間と社会に与えること、原発と人類は共存できないことがだれの目にも明らかになりました。もう後戻りすることはできません。少しでも早く、原発を全廃しなければなりません。

対談　差別構造がないと原発は動かない

鎌田慧・樋口健二

樋口健二（ひぐちけんじ）／報道写真家。世界核写真家ギルド会員。著書に『原発崩壊』（合同出版）、『原発被曝列島――50万人を超える原発被曝労働者（新装改訂）』（三一書房）など。

原発の現場を長年にわたって訪ね歩いてきた二人。一人はペンを手に、一人はカメラを手に。そこから浮かび上がってきたものはなにか。

危険だから下請け、搾取の構造

鎌田　原発の根本的な問題は危険だということです。危険性を推進派はわかっているし、受け入れる知事や市町村長、推進派住民も知っている。危険だと認めると建設できないので、政府や電力会社は「危険でない」と主張し、受け入れる側は「国が危険でないと言うから危険でない」などと、ごまかしてきました。

しかし、危険だからこそ人口が少ないところに造ることは、本州最北端の大間原発（青森県大間町、電源開発）の、経産省安全審査の文書でも「周辺公衆との離隔の確保については妥当」と認めています。原発や関連施設は、貧しい、政治から見放された、日があたらない地域に立地してきました。

樋口　そうですね。そして、原発は、事故を起こさなくても危険なのです。人間の手作業なしに原発の維持管理はできない。労働者は「人出し」と呼ばれる親方によって集められ、三〇〇種類を超える雑役に従事します。現場の労働者は原発内の作業で日常的に被曝し、被曝特有の症状やがん、白血病で苦しんでいます。しかも、何次にもわたる下請け業者と親方に賃金を搾取《さくしゅ》されます。

「日本には民主主義も優しさもない」

鎌田　働く人々は、病気になっても闇から闇に葬られてきました。

樋口　私が原発に関心を持ったきっかけは、わが国初の原発被曝裁判を大阪地裁に提訴した岩佐嘉寿幸さん（享年七七）を知ったことです。

岩佐さんは一九七一年五月二七日、日本で最初の軽水炉である敦賀原発（福井県敦賀市、日本原子力発電）で定期検査中に被曝しました。パイプに支水管を取り付ける作業をわずか二時間半しただけ。八日後から右膝内側に水ぶくれができ、高熱と倦怠感で働けなくなった。大阪大学病院皮膚科の田代実医師たちがさまざまな検査や実地検証をして、「放射性皮膚炎、二次性リンパ浮腫《ふしゅ》」と診断しました。

そして、七四年四月一五日に損害賠償を求めて提訴し、国会でも問題になりました。が、八一年三月三〇日に大阪地裁で全面棄却の判決が下り、高裁、最高裁で闘いましたが、九一年一二月一七日に最高裁で敗訴が確定しました。

鎌田　被曝を認めないように、御用学者が〝活躍〟しましたよね。

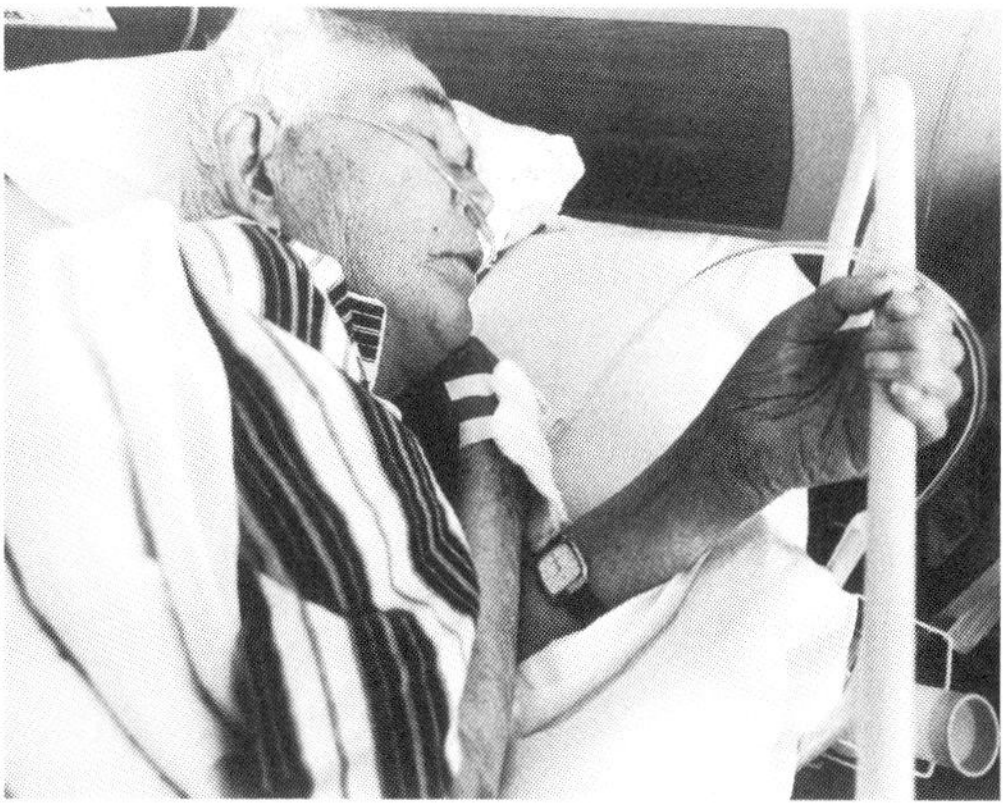

大阪大学病院で「放射線皮膚炎・二次性リンパ浮腫」の診断を受け、大阪地裁、高裁、最高裁で16年間被曝裁判を闘い、すべて「全面棄却」の判決を受けた岩佐嘉寿幸さん（享年77）

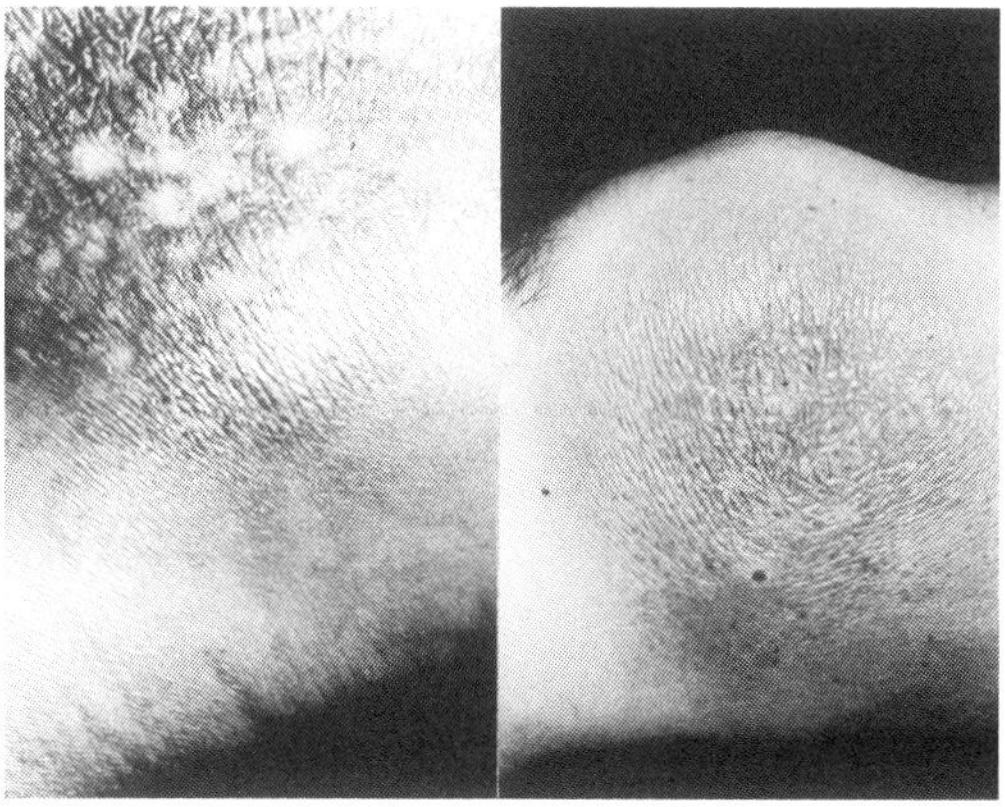

岩佐さんが放射線被曝を受けた右ひざ内側。被曝後、1週間目ごろからやけど症状を呈し、赤黒く水泡痕が残った。大阪大学病院では「放射線皮膚炎（右ひざ）、二次性リンパ浮腫（右下腿、足）」の診断を下した

樋口　岩佐さんは被害者なのに「医師と組んで世間を騒がせている」とデマを流されました。岩佐さんは生前、「日本には民主主義も人権に対する優しさもないことをいやというほど思い知らされました」と悔しがっていました。

一九六〇年代に問題となった四日市ぜんそくでは、「百万ドルの夜景」と美化されたコンビナートが原因で、約四〇〇〇人の住民が亡くなりました。原発では「安全」「クリーン」「平和利用」「無資源国を救う第三の火」「二酸化炭素を出さない」など〝美しい言葉〟の陰で、危険な作業を余儀なくされています。

鎌田　膨大な人数です。

樋口　敦賀一号機が運転をはじめた一九七〇年から、原発で働いた総労働者数は二〇〇万人を超えていると考えています。仮に五分の一としても、四〇万人が被曝してしまった。こういうおぞましい現実があります。

鎌田　しかも電力会社の社員は、中央制御室など放射線量が少ないところ、つまり〝安全な場所〟にいます。

樋口　原発を造っているのは、三井系の東芝や、芙蓉グループの日立製作所、三菱重工業など旧財閥なのです。私が以前会った日立の労組委員長は「日立の労働者は危険なところに入れません」と断言していました。

下請けや孫請け、さらにその下の組合に入っていない、入れない未組織労働者たちが危険な仕事を担っています。社会保障は一切ない。元々は、農漁民や被差別部落民、炭鉱労働者、ホームレス、日雇い労働者などです。

危険な場所で働く最下層の人たち

鎌田　被差別民や炭鉱離職者だから原発に行くのではありません。ただ、仕事がない抑圧された人たち、最下層の人たちを原発に誘導する仕組みがつくられたということでしょうね。

樋口　深刻な事故を起こした福島第一原発一号機の元請けはＧＥ（ゼネラル・エレクトリック）で、内部作業のために多くの黒人労働者を連れてきていました。七七年七月に、敦賀原発の定期検査に来ていた黒人労働者を撮影しました。それまで労働省（当時、以下同）も科学技術庁も通産省も「黒人労働者はいない」と隠していましたが、写真を突きつけられたため、認めました。当時公明党は原発反対で、神奈川県の草野威《たけし》・衆議院議員（故人）が追及したのです。当時、敦賀だけで六五人ぐらい来ていたそうですが、二〜三週間滞在の観光ビザで来日していました。

鎌田　福島第一原発の事故を受けて、厚生労働省は今年（二〇一一年）三月一五日に省令を出しました。緊急時に従事する労働者の線量の上限を、一〇〇ミリシーベルトから二五〇ミリシーベルトに平然と引き上げたのです。通常時の限度が、「五年間につき一〇〇ミリシーベルトを超えず、かつ一年間につき五〇ミリシーベルトを超えない」です。緊急事態だから人海戦術で収束させたいのでしょうが、膨大な健康被害が何年か経って出てくる恐れがあります。さらに、福島県の住民たちに、これから結婚できないのではないか、という不安が広がっていますね。

樋口　私も心配しています。

事故時ではありませんが、少年労働の問題もあります。一九八八年一月〜四月に高浜原発一、二号機（福井県高浜町、関西電力）の定期検査で少年三人が被曝していたことが明らかになりました。労基法は、満一八歳未満が有害放射線を発散する場所で働くことを禁じています。少年三人の賃金をピンハネした暴力団員らが警察に捕まって発覚したのです。

少年の被曝線量は、一人（一六歳）は九・五ミリシーベルト。二人（いずれも一七歳）は一〇・三ミリシーベルトと一〇・九ミリシーベルト。作業員の平均の約五倍ですから、かなり危険な作業に従事させられていたことがわかります。暴力団員らはニセの住民票で三人が成年であるかのように見せかけ、三人の賃金計二八七万五〇〇〇円のうち九六万三〇〇〇円をピンハネしていました。

鎌田　若ければ若いほど、放射線の健康被害を受けやすいですね。

樋口　通産省（当時）は再発防止を指示しましたが、二〇〇八年に今度は東芝の三次下請け会社で発覚します。臨時作業員八人が一八歳未満なのに年齢を偽って、放射線管理区域内での労働に必要な放射線管理手帳を取得し、六人が実際に東京電力福島第一原発（福島県大熊町、双葉町）、東北電力女川原発（宮城県女川町）、東北電力東通原発（青森県東通村）で働いています。

驚くべきことにこのときの新聞記事には六人の被曝線量が載っていません。原発は安全だと教えられてきた世代が記者になっているわけです。戦前の〝少国民〟教育と同じ、〝原発教育〟のたまものです。

故・嶋橋伸之さん（享年29）の遺影を抱く両親。原発作業者として内部作業を行い、慢性骨髄性白血病で死亡。両親の訴えで、やっと労災認定が下されたのは1994年７月26日であった（静岡県浜岡町、現、御前崎市の自宅で。1995年３月）

全国を渡り歩く原発下請け労働者は、年間６万人（1977年）を超す。若い下請け労働者も全国から集められる（福井県敦賀原発で。1997年７月）

ＪＣＯ臨界事故でも因果関係を認めず

鎌田　報道されるのは例外ではなく、氷山の一角ととらえるべきでしょう。基準を超えて被曝した労働者が働き続けるために名前を変えたり、線量計を持ち歩かずに、被曝線量を低く見せかけたりすることは、以前から指摘されてきましたね。

ところで、一九九九年九月三〇日に起きたジェー・シー・オー（ＪＣＯ、茨城県東海村）の臨界事故では、ＪＣＯの工場から約八〇メートルの距離にいた大泉昭一さん恵子さん夫妻が被曝しました。昭一さんの症状は、他の被曝労働者と同じですか。

樋口　同じです。事故発生は午前一〇時三〇分ごろでしたが、消防署の人間が大泉さんの自動車部品工場に来たのは午後二時近くで「窓を閉めてください。おたくの工場の周りがおかしくなっている」と言うぐらい。

鎌田　臨界を知らされなかった……。

樋口　午後三時過ぎになって役場の職員に「コミュニティセンターに行くように」と勧告されたが、大泉さんはすぐ隣の日立市に住んでおり、村民ではなかったから、午後五時過ぎまで居た。帰宅後、七時のニュースでＪＣＯの事故を知ったのです。

鎌田　私が昭一さんに会った時より、樋口さんの写真を見たら、悪化していました。

樋口　事故の翌月から昭一さんの皮膚は水ぶくれのようにかぶれだし、背中までぼろぼろになっていったといいます。二〇〇六年と二〇〇九年にお会いした時、あざは一層ひどいものになっていました。

鎌田　それでも裁判所は被曝が原因と認定しなかったのですね。

樋口　ＪＣＯと、親会社の住友金属鉱山はあらゆる反論をくりだし、裁判をつぶしにきました。最高裁は二〇一〇年五月一三日に昭一さんの請求を棄却しました。昭一さんは今年（二〇一一年）二月七日に亡くなりました（享年八二）。

反対同盟委員長が推進派町長になる悲劇

鎌田　大阪商工会議所会頭だった佐治敬三氏（当時サントリー社長）が一九八八年二月二八日の「ＪＮＮ報道特集」のなかで、「（東北は）熊襲《くまそ》の産地、文化的程度も極めて低い」と発言し、大問題になりました。

そもそも、熊襲とは、古代日本で九州南部にいた反朝廷派勢力で、東北地方の住民は蝦夷《えみし》と呼ばれていました。歴史認識もひどいが、東北蔑視が財界に根強いことの象徴です。戊辰戦争以来、明治新政府の薩長土肥側が東北地方を馬鹿にした「白河以北一山百文（白河の関より北の土地は、一山で百文にしかならない荒れ地ばかり）」が残っている。実際、東京電力の原発は東北と新潟に集中し、関東には一基もありません。

使用済み核燃料の再処理工場などが林立する青森県六ヶ所村にしてもそうです。一九六九年八月九日に経団連の首脳がYS－11機で下北半島を視察、青森市内での記者会見で植村甲午郎《うえむらこうごろう》会長が「公害の心配がないうえ、地価が安いのが魅力」と述べていますが、聞き直してみると、風強く、波荒い、そして住民が少ない、だから公害問題が発生せず、公害対策にカネのかからない地域という意味でした。

樋口　原発を造る連中は計算ずくですよ。過疎地だと、周辺の貧しい人たちを使いやすい。典型は一五機が林立している若狭湾ですよ。差別構造がここで完璧に見えました。

滋賀県の村居国雄さん（取材当時四四歳）は敦賀原発定期検査中に約一時間、雑巾《ぞうきん》（ウエス）で放射性物質をふきとる作業をして五ミリシーベルトを浴びたそうです。以後、倦怠感から脱毛、歯がボロボロ抜け落ちて働けなくなりました。そこで村居さんは、先に述べた岩佐さんと共闘しようとしたのですが、生活苦にあえいでいた妻が六〇〇万円で示談に応じてしまったのです。

鎌田　ひどい話です。樋口さんもよくご存じの岩本忠夫・前福島県双葉町長は七月一五日、八二歳で亡くなりました。事故で福島市に避難してから急速に衰えたそうです。町長になる前は社会党（当時）県議や「双葉地方原発反対同盟」委員長として反原発の先頭に立ってました。

樋口　ところが、東電側の総攻撃で三回連続県議選で落選させられる。

鎌田　政界引退を決めたが、一九八五年に町長選に引っ張り出され、〇五年まで五期二〇年を務めました。町内には福島第一原発五、六号機があるが、財政難を背景に七、八号機の増設を求める推進派の筆頭格になってしまった。事故後、テーブルをたたいて怒っていたと聞きますが、東電に怒っていたのか、自分に怒っていたのかは残念ながらわかりません。

岩本さんの長女と二女は東電社員と結婚しています。被害者と加害者がぐじゃぐじゃになっている。原発はそういう社会を作ってきた。差別構造のなかに、さらに複雑な構造がある。ほんとに地獄だと思います。

樋口　どこかで歯車が狂ったんです。

先住民族や地域差別など世界的にある差別構造

鎌田　世界的に見ても差別構造があります。オーストラリアのカカドゥ国立公園にあるウラン鉱山では、先住民族のアボリジニが神聖な土地が汚染されると反対しています。原爆の研究所や実験場は、ネイティブアメリカン(注)の土地に作られました。旧ソ連も、チェルノブイリでわかるように周辺の衛星国に原発を押しつけてきました。

東芝が、高レベル核廃棄物の最終処分場をモンゴルに引き受けさせようと工作しているとの報道もあります。採掘から最終処分まですべて、差別構造のなかにあり、差別を再生産しているのです。

樋口　原発輸出が日本の国家プロジェクトとなり、インドやインドネシア、ベトナム、中国、中近東（ヨルダン）、ヨーロッパに売り込む旗振り役を前原誠司衆議院議員（民主党）がやっていました。この利権を財閥は手放したくないでしょう。民主党支持の連合、なかでも電機連合と電力総連はあきらめないと思う。

鎌田　でも、原発は本質的に危険で、あってはならない産業だから、稼働のためには話してきたように、あらゆる犯罪や嘘を動員する。悪の象徴です。もともと原爆からできあがった産業なので、平和な生活のためにはなくすしかないと確信しています。

樋口　鉱毒など昔からさまざまな公害や労働災害がありますが、原発ほどの暗黒労働はない。放射線渦巻く中に底辺労働者を突っ込んで収奪し、殺していく産業です。なにがなんでもなくさないといけない。命をかけてもなくしたいと思っています。

（注）白人主導でなされた名称変更に、アメリカ先住民族に対する同化・絶滅政策を消し去ろうとする意図を感じ取り、負の呼称「インディアン」にこだわる人たちもいる。

第３章

報告　震災被災地から

1、2階が破壊されたまま何軒かが残る。
震災６か月後の宮城県気仙沼市

鎮魂の桜～二ヵ月後の被災地・三陸海岸を歩く～

まるで映画のセットのように、岩手県の海岸に瓦礫《がれき》の町がつづいている。とてつもない巨大なエネルギーに、丸ごと流された大槌町の自宅跡、泥の堆積の上にたって、白銀照男さん（61）は、寝たきりの母親がここにいた、と布団の形をつくってみせた。

「海に流されたんだ、たぶん」

山へでかけて不在だった。妻はち子さん（55）と長女の美由紀さん（34）が、母親の傍らにいた。地震が来た。近所のひとが戸を開けて「逃げろ」と声をかけた。美由紀さんはニコッと笑って、首を横に振った。

「娘は逃げないでいてくれました。それに感謝しています」

ひとりでも助かってほしかった。でも娘が親を見捨てて逃げたなら、生き残った親子の苦しみはきっと深かった。

いまは娘の死に「ありがとう」の言葉を手向けるしかない。娘や妻や母親を見つけられなくとも、近所のひとを見つけてあげた時はうれしい。指物大工の几帳面《きちょうめん》な顔に、はじめて笑みが浮かんだ。

越田ケイさん（73）の夫、義男さん（67）は漁師だった。浜にいた。地震のあと波が急に引いた。高台の稲荷《いなり》神社に逃げた。「波の高さは2、3メートル」とラジオがいうのを聞き、服を持ってくると言って、近所のひとたちと自宅に帰った。

「この時計、生きているんですよ」

ケイさんは不思議そうに、腕に巻いた時計をみせた。その時計は夫のもので、永平寺のお守りとともに、海からあがった遺体が身に着けていたので確認できた。前の避難所でだったが、「遺体が見つかった」と話すと、「忌《い》み」だ、と冷たく言われ、誰も近寄らなくなった。「縁起が悪い」と嫌われたのだ。

「恋愛結婚だったですか」とわたしは話題を変えた。避難所で道又ミツさん（66）、鈴木順子さん（75）を交えて話しあっていた。突如、3人の爆発的な笑いになった。女学生のように、いつまでも笑っている。それまでに会ったひとたちもよく笑った。自宅が流されてしまった跡を、「ハワイのリゾート海岸になったみたいだ」と笑いとばしたひともいた。

「笑いが必要なんです」

真顔になった道又さんは、きっぱりした口調で言った。

一切合切を一挙になくした平等感、おなじ恐怖を体験した連帯感がある。火のついた家が、灯籠のようにくるくる波間に漂っていた。と、漁船と衝突、漁船は炎上沈没した。堤防を乗り越えた200トンもの遊覧船が、2階建て民宿の屋根に留まった。奇跡のような、超現実の光景だった。「生き地獄だった」と言う。悪夢のようでも、認めなければならない現実なら、笑いとともにのみ込むしかない。ひとは笑いなくして、生きられない。

避難所になった、安渡《あんど》小学校の校庭を囲んでいる10本の桜は、みごとな満開だった。どんなにたくさんのひとたちが亡くなっても、桜は精いっぱい花をつけて見せる。

鎮魂の無数の花びらの下で、亡くなった越田義男さんとおなじ定置網漁に従事していた、白銀勇二さん（67）に、わたしは聞いた。

「サケはもどってきますか」

「もどってくるべさ」と彼は断定した。「川の姿は変わっても、おなじ水が流れているんだ」

干魃《かんばつ》、冷害、台風、飢饉《ききん》。さらに大火、地震、津波。東北の現実は非現実的、ともいえるほど過酷な歴史だった。しかし、生き残ったひとたちは、笑いとともに生き抜いてきた。自然の摂理に背いて建設された原発の事故は、まったく別だが……。

秋9月。大槌町のひとたちは、サケがもどってくる瞬間をまっている。

生ぎろ気仙沼！　生ぎろ東北！

「東日本大震災」と命名される大地震が発生したとき、残念なことにもわたしは日本にいなかった。

3・11。中央ネパールのジョムソン飛行場から、さらにムスタンの方にむかった、ちいさな村に着いたばかりだった。ダウラギリ（八一六七メートル）の麓、標高三〇〇〇メートルの村である。夕食の食堂にあつまっていたとき、もうひとつのグループにいた中年男性が、慌ただしく入ってきた。

「皆さんに残念なことをお伝えしなければなりません。日本で地震が起きて、東北地方が壊滅的な状況になっているそうです」

改まった表情で、節度ある言い方だが、ご本人は涙を流している。そのすこし前、最初にお会いしたとき、わたしの本を読んだことがある、といっていたので、彼が福島県いわき市からきたことは知っていた。

彼の動揺は隠しきれないほどだった。携帯電話で肉親の被害を聞いたばかり、だったのではないだろうか。

東北の大地震と聞いて、わたしは出身地・青森県の、六ヶ所村再処理工場と東通村の原発を思った。緊急炉心冷却装置は利いたのだろうか。地震と聞けば原発事故を想起するのは、原発反対派の習性だからである。

わたしたち一行は、友人の編集者など八人だったが、日本へ携帯が通じたのはひとりだけ、それもほんの短い時間だけで、あとは情報ゼロとなった。その一瞬の間だけで、たがいに家族に連絡がついて、ホッとすることができたのだが、青森からきていたふたりは、翌朝とぶように帰っていった。

最初に被災地をまわったのは、地震から一ヵ月半ほどたってからだから、取材者としては遅い。岩手県花巻市に住んでボランティア活動をしている友人に案内を依頼して、釜石市と大槌町をまわった。

釜石は若いとき、新日鉄釜石製鉄所を中心に、二冊の本を書いたことがある（『鉄鋼王国の崩壊』、『反骨　鈴木東民の生涯』）ので、けっこう町の地理は知っていた。山側の町の半分が無事なのだが、海側が壊滅状態、わたしが宿泊していた旅館は、もろに被害を受けていた。が、大分前に経営者が代わっていたのは、知っていた。わたしは、大槌町の被災現場で会った老人と亡くなったその娘の話を、依頼を受けていた共同通信に書いた。

地震から二ヵ月後の五月一一日、宮城県仙台市の郊外、名取市閖上《ゆりあげ》地区、日和山《ひよりやま》の上にいた。ここで目前にした三六〇度の光景は圧倒的で、頭を殴られたような衝撃だった。二ヵ月もたっていてさえ、いままでまわってきた、さまざまな被災地には感じることのなかった荘厳さが押し寄せ、わたしはその気配に押されて、ごく自然に両手を合わせ廃墟の街を拝んでいた。

「古京はすでに荒れて。新都はいまだ成らず」

『方丈記』の一節である。そのあと気仙沼市、飯舘《いいたて》村、南相馬市、相馬市などをまわって、帰京した。

ギロチンと呼ばれた、諫早《いさはや》湾の海と陸とを遮断した門扉が降ろされたあと、わたしは干涸らびてしまった海底をあるいていた。眼の前になん千、なん万という貝の死骸が転がっていた。その真っ白な貝殻は美しかったが、無惨だった。これほどの貝を一挙に、無駄に殺した政治家や官僚が、罰を受けなくてすむものだろうか、と考えていた。

名取市閖上地区は、海と仙台平野の接点にあった町である。豊かな仙台平野は、空港まで一望千里波に浚われ、海水に覆われた。それまでの生活を感じさせるテーブルや椅子やさまざまな家庭用品、玩具や楽器などは、干潟の底に散らばっている貝殻ほどには、美しくも残酷な光景を現出させなかったが、亡くなったひとたちの想いを伝えて、目をそむけることができなかった。

友人から、世界文化遺産になった中尊寺の落慶供養願文に、

「官軍と夷虜《いりょ》の死の事《こと》古来幾多なり。毛羽鱗介《もううりんかい》の屠《と》を受けし過現無慮なり」

と書きつけてある、と教えられた。侵略した軍と侵略された側の兵士の死体は計り知れない

ほどだが、それだけではない。鳥獣魚介類の死骸も無数、それらを供養し浄土に導きたい、との願いという。中尊寺はすべての生命の成仏を祈願していたのだ。

およそ三〇〇キロメートルはつづいているのだろうか、行けども行けども、三陸海岸に沿った、敗残の跡地を北上していく。

民家も商店も事務所も、クルマも船も乳母車もすべてを押し流した膨大なエネルギーの跡地に立つと、目が眩むのを感じる。ひとびともまた無数に呑みこまれたのである。

気仙沼港を丘の上から見下ろしていた。この深い入江を、倒壊した石油タンクが、火焔に包まれながら岸にむかって殺到した、という。魚市場には、遠洋漁業にでる大型漁船が乗り上げていた。腐敗した魚の臭いが強く残っていた。

避難所になっていた、中学校の体育館の玄関横に、横断幕が掲げられてあった。

「生ぎろ気仙沼　生ぎろ東北」

力強い訴えだった。「ぎ」の濁音が感激的だった。

原発から二〇キロ先で、通行止めになった。なかに入っていくクルマの運転台に、防護服に身を包んだ運転手の顔があった。ここに来る途中が、三〇キロ圏内の飯舘村だった。放置された去年の稲株が、立ち腐されて田んぼのなかにあった。その灰色が胸に迫った。もう耕起されることはないかもしれない。

原発が奪った希望である。

復興支援と自治体職員～大震災二ヵ月後の宮城・福島から～

大震災当時、自治体職員はどのように過ごし、復旧・復興にむけて何を思い奮闘しているか。そして、自治労の支援活動はどのようなものか。大震災から二ヵ月経った五月一一日から一三日にかけて宮城県、福島県の被災地を歩く。

巨大な力の痕跡、ただ祈るしかない

頭を殴られたように、言葉を失っていた。眼の前に迫る光景は圧倒的で、後じさりするほどだった。見渡す限り、どこまでも錆色の廃墟がつづいている。奇跡的に残った人家やちいさなビルが、ポツンと立っているだけだ。すべてを一挙に引き裂き、押しつぶし、奪い尽くした巨大な暴力の痕跡を前にして、これほどまでに無惨な光景があっていいのか、敬虔《けいけん》な気持ちにさせられる、荘厳な光景だった。怒りとはちがう、無力感というべきか。

宮城県名取市閖上《ゆりあげ》地区。仙台市郊外の、海と川に挟まれた、豊かな農業と漁業の町だったが、信じられない爆発的な力に破壊され、投げ出された瓦礫のひろがりと化けた。ちいさなお椀を伏せたような山が残されてあった。

山といっても六、七メートルほどか。大阪の天保山についで、日本で二番目に低いといわれる日和山である。そこに登って、わたしたちは、大津波にすべてを奪い尽くされた街を眺めた。山は低くとも、まわりには建物はなにひとつなかったから、どこまでも平面がつづいていて一望千里。ついこのあいだまで、ここにあったひとびとの生活が、家の土台の形に遺されてある。

三六〇度、どこまでも果てしなくひろがる、倒壊した残骸のどこからか、大きなシャベルを動かしているユンボや土砂を運んでいるダンプのエンジンの重い音が昇ってくる。遺体を捜索している警官隊の姿が遠くにみえる。さらに遠く、この災害をもたらした太平洋のひろがりと名取川の土手がみえた。

「あすこに魚市場があったんですよ」

案内してくださった、自治労の宮城県本部の佐々木俊彦さんが指さしたが、わたしには積み重なった瓦礫しかみえず、識別できなかった。

東日本大震災から、ちょうど二ヵ月たっていた。五月一一日、わたしは東京の自治労本部の報道部長である高徳衣《こうとぎ》さんと日和山に立っていた。押し流されてしまった壮絶な眺望を前にして、いつの間にか両掌を合わせ、瞑目していた。「残念でしょうが、どうか安らかに眠ってください」。亡くなったひとたちの気配に突き動かされた、ごく自然な感情だった。これまでも、わたしはさまざまな被災地に立ってきたが、街にむかって祈ったのははじめてだった。

日和山には、塩竃神社の伏姫《ふしひめ》（富主姫）が祀られてあったのだそうだが、そのお堂がなかったのは、それもすべて洗い流されてしまったからだろうか。戦没者慰霊碑の長方形の記念碑だけは残されてあった。四方の山の縁《へり》に花束が捧げられ、お茶のペットボトルが置かれ、だれが建てたのか、卒塔婆や「私たちはいつも一緒にいますよ」「私たちは忘れません」などと書かれた、ちいさな札がたてられてあった。花束を捧げ、しゃがんで拝んでいる中年の男性がいた。

七万二〇〇〇の人口だった名取市の死者は、八九六人、行方不明者が一五〇人と発表されている。およそ一〇〇〇人。そのひとたちの悲鳴と叫びと遺された痛恨を想う。宮城県内では、石巻《いしのまき》市の死者二九六四人、行方不明者二七七〇人、東松島市の死者一〇二九人、行方不明者七四〇人、気仙沼市の死者九二一人、行方不明者六一五人についで多い。

そのひとたちの悲しみ、口惜しさ、苦しさがこめられた悲鳴や叫びが聞こえるようで、ただ手を合わせて祈るしかない。

復興の夢を語るより今は復旧の方が大事

「古京はすでに荒れて。新都はいまだ成らず。ありとしある人は皆浮雲の思ひをなせり」

わたしはこの被災地訪問のとき、鞄に岩波文庫の鴨長明『方丈記』を忍ばせていた。平安期京都の混乱を描いた箇所の引用である。この記録をテキストに、東京空襲後の戦後に思いを馳せた、堀田善衛《ほったよしえ》の『方丈記私記』に教えられた条《くだり》だった。

風に乗ってきこえてくる、ガリガリと廃材を掻き分けるユンボの音やダンプカーの爆音に、かすかに動きだした街の再興があらわれている。その音を聞きながら、わたしは「ありとしある人は皆浮雲の思ひをなせり」の一句を考えていた。

まるごと街を津波が奪い去ったばかり、まだ新しい街は影も形もない。それでもひとびとは「浮雲」を思い描く。鴨長明は「流れる雲」を、儚《はかな》い、不確かなものとして語っているのかもしれない。が、戦後はやはり、一面の焼け野原となった、戦災の街の青空に浮かんでいた浮雲に、ひとびとは希望の白雲として、「新生日本」への期待をこめていたはずだ。

いま、すべてを喪ったひとびとの希望を、どれだけささえる政治にするのか、その再建はわたしたちの責任でもある。

山から降り（といっても何段かの階段だけだが）ようとしていたとき、携帯電話が鳴った。フォークソングの小室等さんからで、彼が司会している、どこかのラジオ番組に出演してほしい、との依頼だった。実は彼は医者の鎌田實さんに電話をかけたつもりだったのだが、まちがってわたしの携帯番号を押してしまったようなのだ。

それでわたしは、はるか仙台空港まで一望に見通せるようになった惨状を報告したのだが、いたずらに過大な「復興」の夢を語るよりも、もとの生活を取りもどす「復旧」のほうこそがいまは大事だ、復旧と原発とは両立しない、原発社会から脱却するしかない、などといった。

鎌田實さんもそうだが、小室さんも原発反対派なのである。

そのあとの話だが、たまたま沖縄の彫刻家・金城実さんから電話があったとき、わたしは閖上地区を遠望した、日和山の衝撃をつたえた。その衝撃は、家に帰っても強烈に残っていたからだ。

金城さんは、読谷村《よみたんそん》のチビチリガマの入り口に、「集団自決」を鎮魂する塑像を置いて右翼に破壊され、村のひとたちと再興した彫刻家である。彼はさっそく沖縄から出てきて、日和山にたって光景を眺めたようだ。二メートルほどの仏像を二体彫ったよ、と電話してきた。おそらく、沖縄戦を想い起こしながら、鎮魂の制作だったであろう。

押し寄せる黒い水と子どもの心のケア

仙台市からクルマで閖上地区にむかったときから、すでにわたしは被害の大きさを感じさせられていたのだ。近づくにつれ、しだいに畑や田んぼに流入した、土砂や木材などが見えはじめ目をみはった。まもなく、田んぼのなかに、抛《ほう》り込まれた乗用車やトラックがあらわれ、道路脇のバス停に止まっているように、一〇〇トンのほどの漁船が揚がっていた。

大型漁船が陸に揚がった光景は、一九九三年、大津波に襲われた北海道奥尻島でみていた。今回の東日本大震災でも、閖上地区を訪問する一月ほど前、「共同通信」の依頼で、記者と一緒に岩手県釜石市をまわり、隣の大槌町を取材した。そこでも青苗地区のように、堤防を越えた一〇〇トンクラスの漁船をみた。民宿の屋根に載った、遊覧船の姿もあった。それでもなお、閖上地区の悲惨に圧倒されたのは、なんの遮蔽物もない、広大な被害状況だったからだ。その空虚さはついこの間まであった、豊かな仙台平野の田園風景を想像させた。そのあと、わたしたちは仙台へもどるため、高速道路に乗ったのだが、「仙台高速道路」の両側は延々とつづく灰色の被災の光景で、わたしは絶句していた。しかし、それはホンの一部でしかなかった。

仙台市立荒浜小学校で用務員をされていた、鈴木仁子《じんこ》さんから、津波がきたときの話を聞いた。

「地震のあと、いろんなひとたちが学校に避難してきました。東西に校舎がむいていたのですが、北側の名取川の方から、黒い水がどっと押し寄せてくるのがみえました」

鈴木さんは、「黒い水」といったとき、怖そうに声を落とした。ＬＰガスや灯油の臭いが充満した。二階にいたひとたちを、四階に避難させた。三〇〇人はいた。具合の悪いひと、身体の不自由なひとたちを避難させるので、精いっぱいだった。

外を眺めている余裕はなかった。それでも、廃材や瓦礫が、どこからか湧いたように流れてきたのがみえた。暗くなったが、停電でなにもみえなくなった。情報はラジオだけだった。三月上旬、寒かった。そのうち雪が降りだした。

校内に備蓄していた毛布をだしたが、たりなかった。職員はあとまわしで、地域のひとたちに配った。やがて、自衛隊のヘリコプターがやってきて、屋上に毛布を降ろしてくれた。児童数は九一人、そのうちの八〇人ほどが避難していた。それでも、騒ぐ子どもたちはいなかった。深夜になってまた自衛隊のヘリが飛来し、子どもたちをちかくの基地に運んだ。

鈴木さんは次の日になった午前一〇時頃、東京都のヘリにつり上げられ、基地についた。ヘリのなかは暖かくて、ホッとした。上空から見下ろした光景は凄まじかった。高速道路の両側がすべて水浸しだった。流れ着いた無数のクルマがみえた。

ヘリで運ばれたのは、すぐそばにある陸上自衛隊「苦竹《にがたけ》」駐屯地だった。そこから避難所に運ばれた。駐車場に置いてあった彼女のマイカーは流失していた。学校の廊下に三台のクルマが突入したほど、クルマの被害は大きかった。学校に一泊、避難所に一泊、三日目になってようやく自宅にたどりついた。連絡がつかなかったため、家族は捜索願をだそうか、と心配していた。

「あんなに強い津波がくるとは思いませんでした。後ろをみると、あっという間に黒い水がきていて、前のひとの尻を押して逃げていました。車いすのひともいましたが無事で、命拾いをしました」

鈴木さんは家も家族も無事だった。運命はちょっとした空間をすり抜ける。波に呑み込まれていくひとを、子どもたちがみていた。そのケアがうまくできるかどうか。「こころに残らなければいいけど」と、鈴木さんとわたしは同時にいった。

災害業務と仲間を守るための人的支援

自治労は震災の翌日、「地震対策本部」を設置、緊急物資支援、現地調査班の派遣などを実施した。そして三月末には「復興支援活動計画」を決定、一ヵ月後から人的支援をはじめた。「人的支援」とは、馴染みのない言葉だが、「人道的支援」ということもできる、組合員の応援派遣である。わたしが記憶しているかぎりでは、阪神・淡路大震災のときに、自治労がはじめた運動で、このころ取材に行っていたわたしは、その活動をみて、自治労らしい運動として支持していた。各県本部が、神戸市役所の組合員の業務をサポートするために、休暇をとった組合員を、神戸市に派遣する運動だった。

わたしがこの運動を支持するのは、被災地の自治体職員の過労死を、いかに防ぐかというのが、被災地の自治労の重大課題と思うからである。

「労働者の命と安全を守る」

これが労働運動の最大の使命のはずだ。災害は非常事態であるが、非常事態だからといって、人命が軽視されていいはずはない。しかし、現実的には、災害は救助活動ばかりか死亡届や住民の移動、被災届の発行など、生活の激変にともなう膨大な業務を発生させる。

被災者自身でありながらも、業務に忙殺される、という状況のなかで、健康を悪化させ、精神的に追い詰められ、過労死や過労自殺の悲惨を迎えてはいけない。

わたしにこの問題を考えさせるようになったのは、長崎県島原市職労の松下英爾委員長と会ってからだった。雲仙・普賢岳の噴火にともなって、大量の避難民が発生していた。島原市職労が、「災害で過労死をださない」をスローガンにしたのは、かつて組合員に過労死を発生させた、苦い経験があったからだ。

過労死を防ぐために、ローテーションを組んで仕事をシェアする、などの対策をとった。さらに、組合員の健康管理のために、アンケート調査をおこなった。

○疲労で病院へ行った。

○週休が取れない。

○年休が取れない。

などの声があがっていた。定期健康診断を繰り上げ実施して、肝機能、血糖値、貧血、血圧などに変動のある組合員を、過酷な現場からはずした。

東日本大震災は、市域の一部の被害などではない、三陸沖に沿った全地域が被災地となっただけに、ローテーションでの仕事の分担など、できる余裕はない。それでも組合員の健康を守るのが、労組の責任である。としたなら、全組織を挙げて取り組むしかない。これが自治労本部の方針になったようだ。

被災が甚大であれば、休暇はおろか休憩さえ取れなくなる。救急車で運ばれる組合員もでている。そのひとたちの業務を軽減する支援活動として、四月一一日から、自治労全体で取り組む「復興支援行動」がはじまった。ひとり八泊九日のボランティア派遣である。カンパや救援物資の運搬のほかの、「人的支援」である。

七月一〇日までの三ヵ月間で、延べ約二万人が、東北三県に入って、現地組合員と一緒に仕事をした。自治労運動がつくりだした連帯運動である。

組合活動とは人間的な連帯運動

わたしは、仙台のホテルで、その日の作業が終わったあとの報告会に参加した。それぞれの発言は、ひとりひとりが戸惑いながらの感動的なものだった。わたしは傍聴していて、この運動が「応援」だけに終わるものではなく、それぞれの人生にとっても、大きな意味をもたらしていることを理解できた。

避難所で不眠不休の活動をしている、はじめて会った仲間の仕事をサポートするためである。寝袋で体育館に宿泊して、二四時間勤務、市民サービスを維持するなど、地味な活動などが報告された。

大阪、神戸など関西地区からこられた組合員の、生き生きとした報告を聞きながら、わたしは、本来、組合活動とは人間運動であり、人間的な連帯運動であり、人間的な成長をもたらすものなのだ、とあらためて考えさせられていた。

「東京からの最後のサービスエリアで、沖縄県警のひとがわたしのところに来て、フェリーで長い時間かかって着いて、東京からバスで来た、といいました。若い警察官ですが、六月ごろまでいます、いろいろありますでしょうが、協力願いたいと言っていたのが、印象的でした」

「名取市役所の建設課に、今一人で行っています。閖上地区に入る通行許可証を発行するとか、津波で被害を受けた家屋の撤去の依頼を受け付けたりするなどの業務をやっております。建設課の中でも、奥さんと子どもさんを亡くされたかたもいますし、家がなくなった人もいます。それでも、明るく振る舞っています。窓口で接客していますが、いろいろな質問をされたら、すべてに答えられないという状況で、また職員のかたに戻すというようなことでやっています」

「増田西小学校の避難所に行っています。なにをしていいのかわからなくて、二日目ぐらいから、テレビの前のテーブルに、おばちゃんたちが座っているところにお茶を持っていったら『おいでおいで』と言われて。それで、毎日、お総菜のようなものがいっぱい並んでいて、延々何時間も昼までそれを食べ、お茶を飲みながら話をするのです。そのおばちゃんたちがすごいなと思うのは、天皇などがいろいろなところを訪問されているテレビを見て、『この人らも大変なのに、体もそんなに元気ではないのに』と、逆に心配している。その優しさが本当にすごくいい。震災の前は、八時半になったら、おばちゃんの家に集まってお茶を飲んでいたようで、それをいま避難所でしているのですけれども、そんなことができる日常に戻れる日が、早く来るといいなと思いながら、過ごしています」

単純ではない悲しい現実

「わたしは兵庫県の明石市で学校給食の調理員をしております。避難所のかたはやはり温かいものに飢えているのかなというのがあって、今日は仙台のボランティアの主婦の五人のかたがお昼、炊き出しに来られていまして、その前は地元のレストランのかたがおいしいお昼ご飯を提供していたのです。やはり僕は、給食調理員という立場もあるので、災害のときの炊き出しに、もっと調理員が活躍できたらなとずっと思っていたのです。いま民間委託と言われていますけれども、やはり直営で自治体の職員が災害時に全国から集まって、炊き出しなどをして力になれたら一番いいのではないかなと思っています」

「今日、岩沼市のボランティアセンターに来ているボランティアのかたと一緒に、物資の整理を行ったのですけれども、動きがすごく早いのです。皆さん。アルバイトでも何でもない、給料も当然出ない、交通費も全部自腹で来ているかたたちが、ものすごく使命感、義務感を持ってやっているのに感動しました。それで、パパッと終わった。すごく礼儀正しいのですね、終わったら、『お疲れさまでした』『ありがとうございました』という感じで出て行っています。こちらは半分仕事のような感じで来ているのですが」

「遺体安置所のほうに入っております。安置所はもともと警察のかたが二四時間おられます。遺体から物を盗むかたがおられるという悲しい現実があります。警察のかたが晩に帰られまして、市の職員が二四時間で泊まり込んでいたという状態です。市の職員のメンタルヘルスが、非常に気になります」

「岩沼も名取も、町の中枢機能や経済は動いております。そこが被災エリアを支えているという状況ですが、たとえば県北部や岩手県では、町の機能が止まっているのではないか。町自体が陸前高田のように――県は違いますけれども――全部なくなっている状態のところは、支える機能がないと思いますので、県北部や県のちがうところも支援ができるような体制にしていただければと思います」

「一番印象に残ったのは、最初に入ったところ、県の職員のかたが来て、『たしかにここはひどいけれども、原発のところに行ったらもっとひどい』といってたことです。規制されている二〇キロ圏内に行ったのだけれども、道に死体がゴロゴロ転がっているという状態で、なかには入れなかった。入っても多分、遺体は動かせない状況だ、と聞いたことです」

「子どもと遊んでいたら、最初、目つきが違う。笑わない。何を言っても反発する。『こいつをどうやって笑わしてやろうかな』、大阪に帰るまでに仲よくなろうかと思ってやっていたら、昨日、絵を描いてくれた。ドラえもんやアンパンマンなどを描いてくれて、そのとき、家族の名前を書き出したのです。『おれと姉ちゃんとじいちゃん』と書き出して、そこに×を書いたんです。ここにはいない、と。『笑わせてやろう』とか、そのような簡単なものではないな、とわかったのです」

昂揚感ととまどいと相互交流

「大阪市職さんと一緒に岩沼市役所の行政支援で、仮設住宅を回らせていただいています。『支援物資とか、給付されている家財道具一式は足りていますか』ということで、一軒一軒回らせていただいて。皆さん受け入れていただいて、『ご苦労さま』『ありがとうございます』『もう十分これで足りていますから』というようなお声をかけてくれます。『何かありますか』と言ったら、『もう何でもありますから大丈夫ですよ』と言っていただくのですけれども」

「増田小学校（名取市）の避難所に入らせていただいています。いままで女性はいらっしゃらなかったようで、わたしに何ができるかなと思って、夕方、一軒から一人女性がでて、お弁当のほかにみそ汁をつくっておられて、『わたしにも何かさせていただけますか』と言ったら、『お願いします』。材料を切ったり、みそ汁の味見を一緒にさせてもらったりとか、最初に味見をして。『もう少しみそを入れたほうがいいですよね』と言って、つくってできたものをわたしは食べずに帰ってきたのです。次の日に行ったら、『兵庫の味。おいしかったよ。評判よかったよ』と言っていただいて、『ええっ』と言って、びっくりしたのですが。

次の日に差し入れのイチゴが来ました。『昨日お手伝いをしてもらってうれしかったから、このイチゴ持って帰って』と。『いいです、いいです』と言っても、『気持ちだから』といわれていただいて帰りました。一人で食べてしまいましたけれども、その気持ちがすごくうれしくて、涙が出そうでした。何ができるのかと思って行っているのに、逆にすごく気を遣っていただいて、申し訳ないなという気持ちでいっぱいです」

「わたしたちが入って、名取市の職員のかたが泊まり業務から解放された。いろいろと被災されておられまして、一昨日一緒だったかたは、流されて家が全部だめになってしまった。そのようなかたが、ずっと泊まり勤務に入っておられたのを、われわれが代わって入った。避難所で皆さんの話を聞かせていただきながら、撤去とかの労働はしていないんですが、実はわたしたちは、非常に大切なことをしているのではないか、と思います」

「実はわたしも、一六年前の阪神・淡路大震災のときに、親せきを亡くしたり、亡くなったかたを運んだりとか、けが人を運んだりとかしていたのです。今回も震災三日目に、福島に向けて、職務で調査隊として行ったのですけれども、原発の爆発事故がありまして、着く前に市長命令で、『神戸にいったん戻って来い』と。今回、宮城に行くということになって、手を挙げて来させていただきました。今、名取第二中学校に行っていますけれども、皆さん、すごく我慢強すぎるのですよ。やはり神戸とは違ったのですね。本当に皆、頭が下がる思いがします」

「衛生支部の書記長という立場で、当局にここに来るまで『おれらはこんな仕事ができるで』ということをずっと言ってきました。いま一緒にきている二人は、感染予防法に基づく、衛生班防疫士ということで消毒ができます。現場の衛生状況はだんだん悪くなってきますから、そのような仕事をしたいとずっと言っているのですが。どこの自治体にもいろいろな仕事ができるかた、さっきも調理師のかたもおっしゃっていましたけれども、職種別にいろいろな専門のことができると思いますので、そのような支援ができるようにしたいです」

わたしは、これらの報告を聞きながら、若い組合員たちの、何か役に立ちたい、何かを学んで帰りたいという、強い意欲を感じさせられた。発言のなかに、仲間と一緒に働いているという昂揚感と、大して役に立っていないかも、とのとまどいがふくまれていた。たんに応援だけではない、貴重な人間的な相互交流であり、これから職場で市民と出会うためのいい経験になる、と思った。

緊急事態と労働者の権利

岩手県と県境を接する気仙沼市。安波《あんば》山の中腹から、リアス式海岸特有の深く入り込んだ気仙沼湾を眺めた。湾口には形のいい大島があって、それに守られている天然の良港なのがよくわかった。

その静かな湾を、巨大な白い重油タンクが、油を流して火焔につつまれながら、辺り一面を火の海にした。火攻め、水攻め、その恐怖を想像して慄然としていた。

それでも、山から眺める入り江の表情は美しかった。太平洋に沿って入り組んだ、この長大な三陸海岸を、断続するローカル線でいくつか乗り継ぐ旅を夢想したことがあった。地震と津波が、そこにあったかけがえのない生活と暮らしを奪い取ったのだ。海と山と川が織りなす、豊かな生活があったのだ。

市立階上《はしかみ》中学校の体育館が、地域の避難所になっていた。それぞれの生活を区分する低い敷居の内側で、所在なげに寝ているひとが多かった。そのひとたちのお世話をしている畠山勉さん（44歳）は、震災後二ヵ月たって、はじめて洋服を脱いで寝た、といって笑っていった。

観光課の職員だが、いまは体育館に寝泊まりしている。自宅が被害を受けていることもあるが、受付の小部屋に机を据えて、四六時中の不眠不休である。両親はおなじ敷地の別棟に避難している。

二ヵ月たった取材当時でも、二六〇人ほどが身を寄せていた。ベッドを持ちこんでいるひとは、身体の具合がわるいひとだろうか。震災直後は、一二〇〇人が寝泊まりしていた。緊急時とはいえ、身動きできないほどに狭いスペースに、ぎっしりと寝る、それも長期にわたっているのだから、病気になって不思議ではない。

わたしたちが取材にまわっていたころ、名取市の佐々木市長が、残業代の五割カットを提案し、物議を醸していた。労働条件を一方的に改変するのは、労働基準法違反である。未曾有の緊急事態である。だれも残業代などを考えてはたらいているわけではない。

しかし、労働者の権利を簡単に放棄するわけにはいかない。たとえ返納するにしても手続きがいる。労組は、超過勤務手当の一部を、被災者救援に当てる方針だった。労組との合意もないまま、公務員批判を促進させる。俗受けを狙った既得権侵害である。

「残業代はいらないんですよ」と口ごもったように畠山さんがいった。公的サービスを引き受ける、公務員がやらないでだれがやるのか、という気概がある。それでも、彼は仲間の組合員たちのことを心配していた。これまで業務にはなかった、身許確認のための遺体の洋服や所持品の洗濯、これらの仕事を急に与えられた職員の精神的負担を心配していた。

生きるための仕事、支えが必要

がっしりした身体《からだ》つきのスポーツマンタイプの畠山さん自身、災害から一ヵ月たったころ、脱力感に悩まされたときがあった。過労はうつ状態を引き起こす。

避難者とともにいる畠山さんが心配しているのは、いま集団生活しているひとたちが、ここの生活が長くなったあと、急に現実社会にもどったときのことだった。急に怒り出すひともいる。先の見通しのない不安な生活から、自立した希望をもてる生活に、どのようにしてもどっていくのか。その支えが必要と思う。

阪神・淡路大震災のときも、仮設住宅に入ったあと、自殺や孤独死のニュースがつづいた。孤立化をふせぎ、精神的なケアばかりではなく、生きるための仕事を与えられるかどうか。

岩手県をまわっているときに聞いた話だが、「公務員」は残業代をなん万円も稼いでいる、とか、避難所にいてもべつなものを食べている、などと疑心の目で見られたりするという。

四六時中、衆目環視のなかではたらいていて、感謝されながらも、疲労の蓄積からつい居眠りしたりして、陰口をいわれたりする。いつも見られている対象としての苦痛もあるようだ。

避難所入り口横に掲げられた横断幕に、

「生ぎろ気仙沼　生ぎろ東北」

とあった。それをみて、東北人のわたしはその叫びを共有した。そうだ。「生ぎろ」。「がんばれ日本」などのスローガンは、嫌悪感をもたらすだけだ。

気仙沼市立病院で、病院労組の委員長である検査技師の佐藤昌幸さん（55）と事務職の小山正さん（54）、看護師の内海文子さん、ＯＢの山崎睦子さんの話を聞いた。

病院はすこし高台にあるのだが、地震のあと、すぐ下まで水がきた。古い病舎にいた入院患者を、新病棟に移す作業に追われていた。ベッドを窓からだしたりしているうちに、怪我人が運ばれてきた。すぐ亡くなるひともいた。

合併により市立病院となり、恒常的な人員不足となっていた。老朽化のひどい病室の患者さんたちを余震による崩壊から守るために、玄関にシートを敷いて寝かせたりしたが、人手がたりず大混乱だったようだ。誌面がなくなって、残念ながら、四人のお話は割愛するしかないが、災害拠点病院の充実、それがこれからの課題だと強調されていた。

川沿いにあった鉄筋二階建て水道局は、津波の打撃を受けて壊滅、死傷者が発生した。浄水場のポンプは二系統のうち、一系統が打撃を受けた。各地から給水車が応援にきて、緊急の水は賄うことができた。

倒壊した家屋から、一斉に水が噴き出したので、その元栓を締める苦労を畠山知之さん（労組書記次長）から聞いた。瓦礫のなかに埋没している、水道メーターを探しだし、「止め栓」を締めなくてはならない。ところが、水道台帳も流出してしまったので、いわば手探りだった、という。災害時になると、縁の下の力持ち、公務員が支える水供給の「ライフライン」の重要性を再認識した。

災害時の前線に自治体職員

内陸部の福島市から阿武隈山地を越えて、海岸沿いの南相馬市にむかった。新緑が美しく輝き、山桜がぼうっと霞む。緑のトンネルを行くドライブだった。途中にある飯舘村に入ると、田んぼに刈り残された稲株が、白く腐食しているのが目についた。

春五月、東北の田植えの季節だが、耕起されず放りだされた田んぼは、農家の出身でなくとも、東北出身者にとっては、胸塞がる光景である。通り過ぎただけなのだが、ここが落ち着いた純農村であることが感じられた。が、道の両側にひろがる田んぼには、まったく人影はない。

飯舘村は、もっとも遅くなってから、計画的避難区域に指定された村である。三〇キロ圏外に位置するが、放射線量は二〇キロ圏内に匹敵する。

そこから先にすすむと、延々と打ち捨てられた田と畑がつづいていた。こころが寒くなる風景である。津波に被害を受けた海岸部とちがって、このあたりの耕地は無事だったはずだが、福島第一原発の事故をもろに受け、放射線量は高い。

わたしは原発報道と避難命令への不信感が強い。三月一二日、第一号機が水素爆発してい た。その映像は一部で流されたが、その意味が伝えられることもなく、避難命令は一部にしかだされなかった。地元の住民は、巨大な爆発音を聞き、たちのぼる黒煙（放射能雲）をみていたのだ。が、避難命令はなかった。隠蔽というしかない。

「避難区域は、最初にひろげて、あとから縮小すればよかったんです」

というのは、南相馬市職労の鈴木隆一委員長である。地元住民の声を代表する意見で、ハッとさせられた。この簡単なことがなされなかった。様子をみながら、じりじりと拡大された。その間の被曝量は深刻だ。政府は後れを取った。

爆発のあと、自衛隊は逃げたが、市の職員は避難バスの手配などをしていた。ほかの地域でもそうだったが、災害時は地方公務員が前線にたつことになる。

南相馬市は、小高町、原町、鹿島町が合併した自治体である。だからおなじ市でも原発からの距離がちがっていて、「避難」の強度がちがう。警戒区域のほかにも、緊急時避難準備区域、計画的避難区域、特定避難勧奨地点と複雑だ。これも住民に不安感を与えている。

「原発に関係のない雇用というのは少なかった」

と鈴木さんはいった。小高原発への誘致反対運動は長くつづいていた。原町の火力発電所は火災事故となり、小高原発誘致は、こんどの事故で終わりになる。

雨の中で農作業する住民

南相馬市から、海岸沿いに相馬市へむかって北上した。海岸はどこまでも惨憺たる流出と侵攻による廃墟だった。峠をこえると新たな集落がみえるのだが、それも被災の跡が生々しい被災地である。晴れた日で太平洋の光がまぶしいのが、ことさら惨劇を悲しく思わせた。

相馬市職労の鈴木孝守委員長も、爆発やベント（放出）があったのに、なんの通知もなかった。住民は雨が降っても外にでて農作業をしていた、と憤然といった。自衛隊はあわてて帰ったが、消防団は残っていた。

組合員が病気になったり、死亡したりすると、住民サービスが低下する。労働条件をどう守っていくかが課題だ、という。避難所の住民を緊急雇用として採用するなどに取り組んでいる。「業務で精一杯で、組合活動ができない」と鈴木さんは嘆いた。彼の職場は教育委員会である。

同行してくださった、県本部組織部長のほうをみながら、「竹岡さんもがんばってくれて」といって、急に涙声になった。

竹岡さんの両親は、行方不明になっていた。地震のあと、福島市から爆発直後の南相馬市へむかった。なん日かして父親の免許証が、瓦礫のなかから発見された。遺体が発見されたのが、三月一九日、六〇歳だった。母親はその二日後に発見された。五七歳だった。

竹岡さんは、わたしたちの取材のあいだ、ひとこともご自分のことを語らなかったので、わたしは気がつかなかった。いま福島市内に住んでいるのは、県本部の専従者になったからだ。子どもたちは市内の学校に通っているのだが、市内でも放射線量は高く、外にでて遊ばないように指示されている。不安が高まっている。

福島県内の自治体職員の仕事は、厳しいばかりではなく、放射線による被曝の不安を抱えながらである。

宮城県から、福島へと南下した今回の旅で、自治労の復興支援運動をみることになった。これは、職場からひろい地域へでていく、社会的な運動である。と同時に、公務員の意識改革運動でもある。衆人環視の目に曝され、鍛えられ、職域の幅をひろげ、人間的な連帯をつくりだす。

それればかりではない。相互扶助と共生の運動として、あらたな展望もある。派遣され、あるいは地元で寝食を忘れてはたらいている自治体職員たちは、地域再建の先頭を走っている存在である。

復興・復旧にむけた公務労働～大震災6ヵ月後の宮城・福島から～

東日本大震災から2ヵ月経った2011年5月11日から13日にかけて、宮城県、福島県の被災地を歩き、復旧・復興にむけた自治体職員の奮闘、自治労の支援行動を報告した。それから半年後の11月14日から16日にかけて再び宮城県、福島県の被災地を歩き現状をルポした。

兇暴な大浪が襲いかかって家々を引き剝がし、叩きつけ、累々たる破壊の跡を地表に残して去った。360度どこまでも広がる無惨な光景を目のあたりにして、わたしはただ手を合わせ、頭を垂れて祈るしかなかった。「海嘯《かいしょう》」といったとき、海の声ばかりか、浪に掠《さら》われ、海に引きこまれたひとびとの阿鼻叫喚もふくんでいたのだろうか。

東北の三陸海岸に住んでいなかったわたしたちは、テレビの映像でみるだけだったが、あらゆるものを一挙に押し流した、想像に絶する自然の力を前にして、人間の文明など小癪《こしゃく》なものでしかなかった、ということを理解させられた。

名取市閖上の「日和山」を最初に訪問したのは、「自治労通信」の取材で、震災から2ヵ月経った5月だった。その前に岩手県の釜石市や大槌町の被災状況はみていたが、日和山から360度展《ひら》けた、原爆の被災の跡のような、かつてあったはずの市街地の廃墟に圧倒されていた。雲の低い視界のなかでユンボがのろのろ動き、瓦礫をガリガリ嚙み砕く音が、ようやくはじまった復旧を告げていた。

樹木とともに流失した日和山上の祠のかわりに、二つの神社名をそれぞれ大書した２本の木柱が立つ。前方には、かつてあったはずの市街地の廃墟が広がる（宮城県名取市閖上。2011年11月）

田んぼの中に横倒しになっている漁船。震災以来、そのままの状態（宮城県気仙沼市鹿折。2011年11月）

復興どころか、復旧の気配さえない。今回はもう冬になっていて、自治労本部の高徳衣《こうとぎ》さんと再訪して、仙台市内から名取川を渡った。1、2階が破壊されたまま、立ち尽くしている家が、まだ何軒か残されている。道路際に立っていたり、田んぼのなかに横倒しになっている漁船はそのままになっていた。

被災から8ヵ月経っても、復旧の歩みはのろのろしていて、なにも手つかずのようにみえた。

日和山は、仙台平野のなかにつくられた、土饅頭のような盛り土にすぎないのだが、ここから漁民たちが小手をかざして海を眺め、出漁の日和を見定めていたのであろう。小山は激浪に耐えて流出することはなかったが、樹木とともに流失した祠《ほこら》のかわりに、「閖上湊神社」と「富主姫《ふしひめ》神社」と大書された新しい木柱が、2本並んで立っている。

サクラの木が1本植えられてあった。「閖上桜」と表示され、「閖上小中学生」と書かれている。無事に大きくなって、毎年花を咲かせて欲しい、との子どもたちの願いがこめられている。

海岸に白い浪が立っているのがみえた。風が出てきたのだ。その海が突如として牙をむいて雪崩れこみ、多くのひとびとの命を海に引きずりこんだとはなかなか想像できない。

小山のそばに、瓦礫を積み上げた台形の山がふたつできていた。建物やその土台を破砕して積み上げたコンクリートの山がひとつ、もうひとつは鉄骨やコイルなど鋼材の山である。

復興、復旧、復活、再生、再起。それらの言葉にはまだおよびもつかない、後片付けさえまだままならない。平べったくなってしまった街の跡は、丸ごと人間を消失させた無人地帯である。人影はない。

前回の取材のように、案内役を買ってくださった県本部の佐々木俊彦書記長によれば、ここは「多重防御地帯」とされ、港と居住地とを分離する構想があるのだそうだ。が、はたして民家の買収はうまくいくのだろうか。

8ヵ月経っても全く先が見えない

ここにくる前、仙台の宮城県本部で及川光行委員長に話をきいた。

「8ヵ月も経ちまして、本当は落ち着いてきていいころですが、何か全く先行きが見えないというのが現実です。被災地そのものの先が見えない、まだそのような実態なのです」

沈痛な表情である。彼自身、気仙沼の被災者である。家は傾いたが、家族は無事だった、という。それでも親族6人が犠牲になった。自治労の役員は被災者の救援と同時に、その仕事を受け持つ組合員の生活と健康も保障しなければならない。歴史的な非常時である。そのときの委員長となったのだ。

「気仙沼市内以外は、ほとんど仮設住宅が配置をされました。ただ気仙沼市は、土地がないものですから、県外の岩手県にも造っています。お年寄りの方や病人は病院に通わなくてはならない、地元から離れるのは嫌だという皆さんもたくさんいます。あとは住宅修理を待っている、ということで、今のところ47～48人がまだ避難所生活なのです。もう一つ、働く場所がありません。人口流出が大変多くなっているのです。気仙沼で7月に3700人です。石巻は9000人、届けを出しているひとだけで」

とにかく、被災地がひろすぎる。三陸の海岸が全滅なのだから、救済がすすまない。及川委員長は、こういう。

「よくテレビなどで、魚市場に魚が揚がったと大喜びをしていますけれども、水産業は魚が揚がっただけではなりたたないのです。加工場はまだ動いていませんし、冷蔵庫も動いていません。船に積み込む物資を調達する商店も動いていない。水揚げされた魚はほとんど現地から陸送で東京に行くのです。仕事がない。失業手当や生活保護で生活を維持しているみなさんも大変多い。義援金もなかなか届かないのです」

集団移転に応じた場合は、一定の補助があるが、それで家が建つというものではない。これまでの災害では、それと義援金とをあわせて住宅を確保した例があったが、このたびは被災者が多すぎる。キチンとした公営住宅をはやく建設すべきだ、とわたしは思う。

及川さんが心配していたのは、仮設での防寒対策である。電気代がかさむことからエアコンを控える家庭も少なくない。開放ストーブで火災も発生している。

冬場を迎えて、さまざまな苦情がある。それが眼の前にいる「公務員」にむかう。組合員が、行政と住民の板挟みになる。ある町では「お前ら税金で喰っているんだから、死ぬまで働け」と侮辱された、という。社会的不満がもっとも身近な公務員にむかう。不満のはけ口にされるのだが、人権問題でもある。「これほど公務員が頭を下げたことはない」と及川さんが低い声でいった。仕事もカネも喪った不満は、大災害があっても職場が残っている公務員にむかう。お前らはおれたちの税金で喰っているんだ、と。

しかし、袋叩きに遭っている公務員自身、家族を亡くしたり、家を流失したり、立ち上がれないところにいて、それでもなお仕事をつづけている。それを思いやることはできない。悲しい光景である。

国鉄の分割、民営化のときもそうだったが、あたかも公務員を目の敵《かたき》のようにして、人員削減しようとする。

「市役所の職員が、市役所の職員が、と羨望と批判の目にさらされ、職員同士ゆっくり話ができるのは、密室のカラオケボックスだけ、酒を飲んでいてもとかくいわれるのです」

これまでの災害で、そのあと公務員が働きすぎて過労死する、というのはあったが、働かないのではないか、と監視されていたのはきいたことはない。今回は被災地が広範囲すぎて、被災者が将来に展望をもつのが困難なこともあって、すぐそばにいる「行政」としての公務員に当たりちらす。組合員のストレスはどうなっているのか。

「中央本部の顧問医師上野満雄さんに健康調査をやっていただいたら、３６００人のうち、中等以上の抑うつ傾向が16％、軽度の抑うつ傾向が30％と、46％に影響が出ていて大変な状況です。とくに女性に多いのです。災害対策業務で5割以上も仕事がふえた、という組合員が40％と調査結果にあらわれています」

災害をチャンスにしたビジネス横行の危機

自治体にとっても、職員が病気になったり、死なれたりすると困るはずだ。当局自身も政治要求して人員をふやすとかしなくては、とわたしは思う。

「いま、いちばん心配しているのは、人員の配置の問題です。これから先、復興計画が具体化していったときに、きちんと計画を実施できる、計画を見通せる技術職員、技量の高い職員を確保しておかなければ、都市計画も福祉、医療もそうですけれども、大企業に丸投げのような格好にならざるをえないです。いまはむしろ人員も極力減らしていって、できれば臨時職員でつないで、という格好です。それで計画など達成できるわけはない。被災自治体は日雇いとつなぎでやっているのが現状です。長期的な人材育成を、今のうちにやっておかなければ間に合わないのです。今いる人材は体も心もくたくたになって立ち上がれない。復興事業費は全部出します、枠組みを作りましたから、どうぞ自治体でやってください、というのが、今の仕組みです」

職員は当面の復旧で精いっぱい、将来の青写真まで手がまわらない、というのが現状のようだ。

残業代未払いが続いている自治体もある。残業代は、災害対策交付金のなかに織り込まれている。市民からみれば、残業代を支払うのは非常識だ、となるが、労働の対価は支払うという社会的な契約を破ってはならない。

木来ならば、代替え休暇にすべきなのだ。労働法上の対処はして、あとはカンパするなど、労組が決定すればいいのだ。問題なのは、災害をチャンスにして、行政を超えたビジネスが横行しそうなことだ。組合員の権利を譲ると、この先10年間は譲り続けなくてはならなくなる。それが及川さんの危機感である。

「復興がどうのこうの以前の問題で、職員がその先頭に立てるなどという保証はないです。いま、『特区』などといろいろな言われ方をします。水産特区、農業特区とか。直接的に影響するのはＰＰＰ（パブリック・プライベート・パートナーシップの略）という手法があるのです。たとえば、公営企業を実施するときの企画段階から民間に任せるわけです。営業も何もすべて民間に丸投げです。これが、どさくさ紛れに公的な特区がますます規制緩和と一緒になって出てきたら、自治体は大変なことになります。水産特区は一応、宮城県では反対誓願が出たのですけれども、否決されました」

村井嘉浩宮城県知事が打ち出した「水産業復興特区」というのは、たとえば、漁業協同組合は農協とおなじように、個人の漁民が加盟する団体だが、そこへ企業も参画をさせ、同時に漁業権を与える。水産業の株式を買い取って操業させる。三井物産が宮城県に対して具体的に提案している事例である。

そうなると、漁民や個人経営などはもたなくなる。復興させるにはそのような手っ取り早い方法が必要だ、と宮城県知事は推奨したが、抵抗をうけてトーンダウンさせた。が、あきらめているわけではない。

この方式が公務の世界にまで入ってくると、水道や下水道などというのは完全に掌握される。企業に丸投げして、「どうぞうまいことやってください」となる。だから行政が企業に「うまく立て直してください」といわせないようにさせなくてはならない。

民間委託の場合は、一定の管理責任は役所にあるが、PPPは「事業そのものを、資金も営業方針もどうぞそちらでやってください」という方法である。規制緩和と特区の拡大が狙われている。農地法を改悪して、企業への農地売買を認めさせようとする動きが蠢《うごめ》いている。

及川委員長と話していて、わたしは労働組合運動の危機を感じ取った。大げさな話ではないが、災害に遭ってそれぞれが生きるだけで必死になると、会って話し合うことがすくなくなり、団結の基盤が壊れる、ということである。災害克服を団結の基盤にするのが本来の労働運動だが、おかれている条件が急変して対応できず、逆の拡散にむかって動くという危機である。

被災地住民の困窮化は、公務員への批判をまねきやすくなる。と同時に多忙による組合員同士の疎遠は、求心力を弱める。地域の再生とそれを担う労組の新しい運動、それによる再生が課題である。

毎日21時22時まで残業、休日出勤は当たり前

今回お会いしてみたかったひとりが、気仙沼市役所の畠山勉さんだった。中学校の体育館の避難所で、いわば不眠不休に近い仕事をしていたのを、前にきたときに知ったので（もちろん彼ばかりではないのだが）、その後どうされているのか、と気になっていたのだ。

気仙沼市では、1028人が死亡、行方不明者が365人、という。ひとりが亡くなっても、家族や親戚、友人にとっての大きな悲しみなのだから、数字の大きさだけが問題なのではないが、それでも、人口7万4000人だったひとつの町で、これだけのひとが病気以外で一挙に亡くなった、という現実は、なかなか認められるものではない。

ここの市長は、立候補のときから組合に敵対的だったようだが、それでもとにかく、職員は眼の前の仕事を解決するため、自己犠牲的に働くしかない。

畠山さんは、観光課から商工課へ移動していた。中小企業の支援が当面の仕事である。避難所にいたときは、10キロ痩せた、といっていたが、いまは元にもどった、といって笑った。たしかに血色はよくなっている。

被災のあとの営業の復活を相談にくるひとで、毎日、8時から21時～22時で休日出勤も当たり前になっている。「今後も続きそうですね」と屈託なさそうにいった。避難所での泊まり込

みのときは睡眠不足から気力の低下を感じたこともあった。両親もおなじ避難所にいたのだが、いまは自宅の離れを修理して、そこに住んでいる。

「地域の絆を感じました。前からまとまりのいい地域だったんですが、『おなじ釜の飯』以上に親しくなりました」というのが避難所生活の感想だが、物資配布のときなど、人間の小競り合いなど、見苦しい面もあった。

6月中旬ころから、遺体が発見されていないひとたちの葬儀をはじめるようになった。それで区切りになったのか、落ち着いた様子になった。

自治労本部の方針として実施された、一週間単位の「人的支援」を6ヵ月ほど受けて、「本当に助かりました」といった。現在は専門業務の応援が求められている、という。

気仙沼市の復旧は、進んでいるというほどではなく、鹿折《ししおり》地区の魚市場には、まだ500トンほどの巻き網漁の漁船が紅い船腹を見せて乗り上げたままになっている。それでも、食堂や食品販売の店が集まって、とにかく営業を開始して、元気を出そうとする「屋台村」も始まっていた。

医療崩壊で戻るに戻れない

仙台市は活気を取り戻していたが、原発事故を抱えている福島市の夜はまだ暗い。おなじ県庁所在地でも大きなちがいがある。

福島では県本部の竹岡博之組織部長と再会した。前回とおなじように、福島市から飯舘村を通過して、南相馬市の原発20キロ地点、立ち入り禁止の境界線まで行く。その道中をクルマで案内してくださったのだが、そのとき春になっても耕起されていない、去年刈り取られた稲株がそのまま腐敗し、残っている田んぼをみて、胸が痛くなった記憶が蘇った。その後、放射能を吸収するためにひまわりが植えられたところもあったそうだが、さほど効果はなかったそう

県道沿いの両側に、海水と放射能を帯びた水田が広がる。おびただしい瓦礫とともに、打ち捨てられた車が目につく（福島県南相馬市）

東電福島第一原発から20km圏にある立入禁止の境界線（福島県南相馬市）

だ。

南相馬市の市役所で、鈴木隆一委員長とお会いした。小中高の学校が、地震ばかりか被曝の危険性によって壊滅的なのは、わたしも参加した集会などで日教組の教員からきかされていたが、鈴木さんの話によって、医療関係のダメージが大きいことを知らされた。

三つの町が合併してできた南相馬市には、市立病院がふたつあるのだが、ひとつは警戒区域にはいっていて、もうひとつは「緊急時避難準備区域」にはいっているから、重篤な患者を入院させることはできない。

「医療というセーフティネット、命を守ることそのものが、崩壊の危機にさらされていると、ひとは戻るにも戻れないのです」

事故当時、入院患者をヘリコプターで、必死になって搬送した。そのあと、医者もふくめて退職していったひともいる。自分の子どもの健康を考えれば、当然のことともいえる。医療機関が弱体化すると、障害をもっている子どもたちや年寄りのケアができなくなるので、勤めをやめなければならなくなるひとが出てくる。地域の崩壊である。

津波の被害だけなら、復旧にむかう手立てが考えられるが、これから地域がどうなるのか、どうなっているのかさえわからない原発事故は、人間と地域の関係を断ち切ってしまった。戻ってきて再構築する希望を奪ってしまったのだ。

復興といいながらも、瓦礫を移動させているだけ、といわれるように、除染といっても放射能汚染を移動させているにすぎない。それでも除染しなければ住めない。その費用は国が出すといっているが、補償は5マイクロシーベルト以上といわれている。

鈴木さんのお宅でも、1・5から1マイクロシーベルト。そこからすこし先が「特定避難勧奨地点」である。

「勧奨」はするけれど、判断は個人でという、政府の責任逃れである。住むのが禁じられている警戒区域以外にも、計画的避難区域、緊急時避難準備区域、特定避難勧奨地点と分類されていて、故郷に住みつづけるか、それとも避難するのか、その選択にともなう住民の苦悩はまだ続いている。

「除染しても、風が吹いたり、雨がふったりすると、また放射線の濃度があがります。セシウムの半減期で30年、三代かわらないと、無理ともいわれています」

除染と撤去で減らしていくしかない、と鈴木さんはいった。組合員は760人ほどだったが、100人ほど減った。が、財源が減っているなかで、その補塡はむずかしそうである。

市民にとっても、東電への補償問題など市役所を頼りにしがちだ。それで業務量もふえたそうだ。市長も「脱原発」を宣言した。が、地域の復旧と住民の生活再建の道は、はるかな道程のようだ。

南相馬市から相馬市にむかう海岸沿いの道には、仮の鉄橋が架けられていた。柿の木には柿が残っていたが、今年は採るひとはいない。福島の柿は名物なのだが。途中、「わたしの家はあそこにありました」と竹岡さんは運転しながら指さした。町並みの道は残っていたが、家はなにもなかった。辛いだろうと想像できたので、「そこで、止めてください」とはいえなかった。

そのまま通りすごして、相馬市役所へ行った。市庁舎は原発から45キロほど離れている。市長は「脱原発」とはいっていない。ここでも中塚書記長から休みを取れない状況について聞いた。南相馬の病院から、何人かの入院患者を引き受けたという。

大災害は自治体職員の修羅場である。前線で働かなければならない。が、これまでの自民党の「人員過剰」と「高賃金」の宣伝が利いていて、同情がすくない。

それを払拭するためにも、過剰に働かなければならない。この悪循環を断ち切るためにどうするか、それが課題である。

第４章

下北・伊方　原発阻止へ

ウラン濃縮工場建設予定地（青森県六ヶ所村）。
高圧電流が流れる鉄条網で包囲（1992年４月）

「むつ」の放逐から下北原発阻止へ

むつ製鉄から「むつ」へ

海にむかって建っている、まだ竣工したての組合事務所に入って行くと、組合長の三国久男さんはたった一人で自分の机からテレビを観ていた。甲子園からの高校野球の中継である。不思議に思って、一人ですかと尋ねると、盆だからね、と答えた。この三日間は漁も休み、漁業組合も休みなのである。

「どうしてこう青森県にばかりなんでも持って来るんだべな」

三国さんは苦笑まじりにこういう。野辺地《のへじ》漁港は陸奥湾を挟んで大湊港と向い合せになっている。対岸の大湊港に繋留されている原子力船「むつ」は、なんとか、出港、試運転の機会を狙っているのである。それればかりか組合の事務所のある波静かな入江である野辺地港の鼻先は、新全総による「むつ湾小川原開発」計画によって勝手に五十万トンタンカーシーバースとして書き記され、三国さんたち陸奥湾沿岸漁民はこのところ、お上を相手にした反対運動に忙しく、なかなか気の休まる時がなくなっている。それに下北半島の太平洋岸には、東京、東北両電力による二千万キロワットの原発が計画され、この三つの侵入者たちは互いにまるで競い合うように、あわただしく動き回っているのだ。だから、それぞれの反対運動を積み重ねながらも、三国さんならずとも、どうしてこうも青森県の、それも下北半島にだけ、なんでもかんでも押しかけてくるのだろう、とボヤきたくもなってくる。

だいたい私が子供の頃、新聞に青森県のことが記事になるのは、大火とか尊属殺しなどの事件が発生した時ぐらいのもので、一面や経済面に入ることなど、ほとんどといっていいほどなかったものだ。それまで、いまのむつ市になっている大湊には海軍警備府があった位のもので、陸奥湾では天然のホタテ貝を産出する程度だった。漁師たちは遠く樺太やカムチャツカや北海道に出かせぎに行き、開発予定地の下北半島の太平洋側の農漁民のことは、記事になるどころか、中央権力からは全く忘れ去られていたのだった。

一九六五年　東通村村議会の原発誘致運動はじまる。

一九六七年　わが国最初の原子力船の定繋港は、当初予定の横浜市埋立て地が市当局に忌避され、急拠大湊港に変更。

一九六九年　新全総計画にむつ小川原湖開発が入る。

こうして昭和四十年になって、青森県にもっとも危険な開発が集中して進出してくることになったのである。原子力船「むつ」の母港から、歴史を溯れば、そこはかつて日本帝国海軍施設部の集積場として資材が荷揚げされた埠頭であり、その国有地はやがて政府出資の国策会社

「東北開発」に坪当り六百八十九円で払下げられ、こんどは「むつ製鉄」建設予定地とされた所であった。

むつ製鉄は六三年四月、東北開発八〇パーセント、三菱系四社（三菱製鋼、三菱鋼材、三菱鉱業、東北砂鉄鋼業）二〇パーセントの出資、社長三浦三菱製鋼社長として設立、下北地方に六千七百万トン埋蔵すると推定される砂鉄を原料に特殊鋼ビレットを生産する予定だった。しかし、国、県および市が、六億八千万円にもおよぶ先行投資を行い、地元でも早期実現のための数多くの陳情や、やがては「むつ製鉄事業実施貫徹市民大会」まで開かれたものの、三菱資本は「経済ベースに到達し得ないことが明らかとなった次第であります」として「資本参加を伴う技術援助の儀は此の際御辞退申し上げざるを得ないことになりました」と東北開発に通告した。

当初、高橋経企庁長官は、「三菱グループが根本的な共同責任を一方的に破棄したものである。許可の根本条件が崩れたこの段階では案を出して検討することはできない」と発言。六四年十二月末、佐藤首相も「むつ製鉄問題については事務的ペースだけで、政治的配慮に欠けていたことは認める。今ここで結論を出すことは早いが、検討を続けることは約束する。しかし、難しいことである」と知事、市長および県出身自民党代議士たちの陳情団に答弁。ついに地元にバラ色の夢を投げ続けて来たむつ製鉄は一炊の夢として、はかなくも消え去ったのである。

この時よく考えてみれば、開発は資本の一方的な都合だけでやって来るものであり、そしてまた、たとえ地元住民が請願、陳情をくり返し、果ては地団駄踏んで口惜しがったとしても、〝経済ベース〟だけによってあっさりやめてしまうものであることがはっきりしたはずだった。が現実はそうでなかった。一度あおられた開発の夢はおのずから膨れ上がったたし、政治家たちはその〝失政〟を繕《つくろ》うためにも、何かを持って来る必要があった。「産業基盤の造成のために」を大義名分に当時のむつ市長は悪魔的な取り引きをした。よその港から敬遠されていた原子力船「むつ」を引き受けることにしたのである。

「むつ製鉄」準備運動のエネルギーはそのまま使えた。人びとの気持の中ですでに開発の地ならしはすんでいた。むつ製鉄は原子力船「むつ」に変わっただけのことなのである。こうしていま、広大なむつ製鉄予定地がまさに海に没しようとする岸壁に、八千三百五十総トンの「むつ」が視界をふさぐように立ちすくんでいるのである。

私が野辺地漁協をたずねた時、「むつ」をめぐる動きはにわかに激しいものになっていた。「むつ」は船体と原子炉が完成して二年たってなお、漁民の反対によって出力試験ができないでいるのだが、政府は関係閣僚懇談会で「八月出港、出力上昇試験」の実施を決定していた。七四年六月上旬、母港周辺の脇野沢村（現、むつ市）、川内町（現、むつ市）、むつ市、横浜町、野辺地町、平内《ひらない》町（清水川支所）の六漁協は「母港移転決議」を行い、さらに七月下旬には、湾内十五漁協、約六千人で組織されているむつ湾地区漁協経営対策協議会では、「出力試験終了後直ちに外洋に移転することの確約」など六項目の要求をしている。

その頃の新聞を見ると県、国が「母港移転の方向」を示唆しただけで漁民側が妥協し、補償問題だけのような感じを与えられていたが、三国さんは新聞は嘘を書いている、まだ同意していない、といきまいていたし、隣りのむつ横浜漁協の組合長であり、県漁連の会長でもある杉山四郎さんの家へ行ってみると、彼は、出力試験に賛成している漁協幹部もいるが、反対派もまだ多いことを力説した。事実、その後この稿を執筆している今日まで二回開かれた湾内漁民代表者の臨時総会は紛糾し続け、八月二十日をすぎてなお、同意の結論は出されていない。

一方、原子力船母港反対をスローガンに立候補し、七三年十月市長に就任した菊池渙治氏（革新系無所属）も、県知事の再度にわたる〝説得〟を振り切って出力試験の実施に反対している。

「原子力船・下北原発反対共闘会議」はむつ市を守る会、むつ地区労働組合会議など七団体によって構成されている。「守る会」の代表者は歯科医院の技工士をしている中村さんで、彼は六年前から「原子力問題」についてのビラ、新聞を作って市民に手渡して来た。彼と一緒に地区労議長の猪口さんと私は母港候補地と決められた時の反対運動について雑談した。猪口さんには四年前にお会いしたきりだったが、その時も六七年十月一日の「母港設置反対大集会」の話を聞いていた。県労でも全県的に動員して三千五百人の集会になったのだったが、当時の漁協は反対運動に参加していなかった。

しかし、この八年の間に波静かなだけが取り柄だったむつ湾の表情は一変した。これまでおよそ十年を周期として異常発生したホタテ貝の養殖技術が確立し、異常発生を日常化し、生産物として定着させることに成功したのである。六九年六千トンだったホタテ貝の収獲高は七一年一万二千トン、七三年三万トン、そして七四年は六万トン、年間百億円と、いまやリンゴにつぐ重要産業となり、むつ湾は宝の海へと変貌した。海の青さをそのまま残した数少ない湾に生育する、純白のホタテ貝は、今後のむつ湾漁民の豊かな生活を保証している。

若者たちは出稼ぎから帰り、〝家業〟に専念している。いつか三国さんは、それまで老人だけのチームであった漁協の野球チームが、すっかり若返ってしまい、野辺地町でも最強のチームになったことをうれしそうに話したことがあった。つまりそれだけ、生活が漁民の手に立ち返って来たのであり、それを侵すものとしての五十万トンタンカーや原子力船に対する反対がたしかなものになったのである。

原子力委員会の役割

七〇年一月初めの『朝日新聞』には、通産省と産業界とで、原子力コンビナートづくりを「七〇年代の最大の課題」にすることを決めたとする記事が掲載されている。原子力製鉄を中心としたこの巨大コンビナートの最有力候補地は下北半島（むつ湾小川原湖地区）とされているのである。その一年半後、現地を踏んだ稲山新日鉄社長（当時）は、「ここに作るのは原子力製鉄所以外にない。しかも業界共同が理想的」と記者会見の席上で語っている。原子力船が原潜の開発に結びついているように、下北原発はむつ湾小川原湖開発に不可分に結びついていることが正式に発表されているのである。

ただ私の疑問は、下北原発は東京電力と東北電力の相乗りで、各十基ずつ、合計二千万キロワットといわれているものの、むつ湾小川原湖開発予定地の中心地である六ヶ所村とは少し距離的に離れているし、通産省、新日鉄、あるいは三井グループが構想している原子力製鉄、原子力発電所を含んだ原子力コンビナートの構想は、この下北地域とは別に、すでに通産省の立地調査が終了している、六ヶ所村内にも考えられているような気がするのである。

すでに発表されている、東京、東北両電力による東通村小田野沢、南通《みなみどおり》、老部《おいつべ》、白糠《しらぬか》の四地区にまたがる長さ六キロ、幅一・五キロの約九百ヘクタールの原発予定地は、県職員の手段を選ばない努力によって、ほぼ買収されている。私は東通村役場へ行ってみた。村役場は、まったく例のないことだが、村内になく、隣りのむつ市の中に置かれているのだ。それは村に中心になる集落がないこともあるが、村内の道が、むつ市を起点に南北に広がっているために、この村の人たちはバスに乗って隣町にまで用足しにこなければならない。

村長が留守だったので助役に会った。彼は原発のことを「開発」とたびたび繰り返した。工業開発でさえ、私には素直に呑み込める語いではないのだが、原発を表現する開発の単語には違和感をおぼえるし、またいらいらさせられた。が、彼は原発とむつ小川原開発とをセットとして考え、原発をその付属施設とみなしているようだった。彼はこういった。

「わたしの方には原発をよこした」

助役がいうのには、むつ小川原開発ができれば、道路も整備されて弁当を持って車で十五分程度の工場に働きに行けるようになる。そのためには、そこへ電気を供給する原発の建設に協力が必要になる。発電所で働ける人間はごく限られているからだ。火が入るようになると固定資産税も落ちてくる。先進原発地の経済状態は大きく変わっていますよ、という。

とにかく詳しいことは県の開発室の出張所へ行って下さい。そこには、七、八人、旅館住いをしながら、買収に活躍している県職員がいますから。村は別に原発建設のための係員を配置することもなく、すべてを県にまかせ、私企業である電力会社もまた買収工作のほとんどは地方公務員である県職員たちにやらせているのだった。助役は現地へ行ったこともないのである。

「原発の危険性についてはどう考えているのですか」。私はこう質問する。公害については、私たちが一番心配しているのです。彼はこう答える。公害を出して貰っては大変ですから、出してくれるな、といっています。私たちは公害のない開発に協力しているのですから。「ですから、いまの技術で原発は危険といわれているので、それをどう考えているのか、ということをお聴きしたいのです」。ですから公害を出さない工場を、といっているのです。それにむこうが出しませんというのですからなんともいえないでしょう。「温排水の問題の他にも、事故の心配もあるでしょう」。建設に入ったらそんな心配も出てくるでしょうが、国の機関である原子力委員会が点検して認可するんだから、ここが安全といえば安全でしょう。公害防止協定も結ぶし、もし公害が出たら補償させます。こっちで誘致を決議した関係もあるし、協力しなくては。いまやめてもらうと、土地ももうない、金もなくなったでかえって困ります。調査に入ってから建設まで十年かかるといいますから、促進同盟でもつくりたいくらいですよ。助役の話はこんな風なものだった。原発について充分考えた上で、私の質問をかわしているのか、無手勝流なのかさっぱり判断がつかなくなる。新潟の柏崎市長と会った時も、彼の「安全性」への無責任さに驚かされたものだったが、助役と会ったあと味はもっと複雑なものだった。

七一年四月、私はここの村長室で川畑村長に会っていた。彼はその時、「心配ない。海水は熱くなることはあっても放射能の心配はない。排出される熱湯で塩をとったり、アルミなどの工場ができて地元が発展する」と語ってにっこり笑ったものだった。心配する者と心配しない者は、まるではじめからちがう人間同士のように、対話は成立しないのである。そしてむこう側の危険性に対する考え方は、四年たっても一向に深化していないのだった。

「死ぬ時は原発にかぶりつきたい」

陸奥湾沿岸のむつ市から、いくつかの山を越えてバスは太平洋岸に出る。そこから一路南下して六ヶ所村の泊《とまり》部落に向って走る。一日数便しかないバスは、この日お盆のせいもあって満員だった。出発する前、私はバスセンターで切符を買った。「南通《みなみどおり》まで」。そういうと、小さな孔のあいたガラスのむこうで売り子は当惑したように、「南通の停留所はもうありません」というのだった。

部落は移転していたのは知っていた。私はその部落跡へ行ってみようと思ったのである。もしかして一軒くらい住んでいるかもしれないではないか。しかし、もう住む者もなく、降りる人も乗る人もいなくなってしまえば、バス停は廃止になってあたりまえなのだ。

南通部落は原発予定地の丁度まん中に位置していた開拓部落だった。戸数二十戸。最初の入植者は敗戦の翌年からで、その頃はムシロ小屋に住み、南部鉄瓶に馬鈴薯を入れて煮て常食とした。当初畑作だったのだが近年水を引くのに成功して水田に切り換え、村内でも有数の穀倉地帯にまでなっていた。一本一本の木を切り倒し、根を引っこぬき、文字通り血の出るような苦労の果てに摑《つか》んだ美田だった。

原発は村議会で誘致決議していたためもあって、村長、村会議員が県職員の買収のバックアップをした。まず村有地を代替する条件を出し、いま売らなければ、代替地はやらないと脅したり、女子供だけが留守をしている時は、ちょっとミトメを貸してくれといって承諾書にハンをつかせたり、いつまでも反対していると、先に売った人の迷惑になるとか、早く売らないと転住先を斡旋しないとか、とにかく脅したりなだめたりして少しずつ切り崩した。

七一年当時、まだ今ほど原発に対する恐怖は昂まっていなかったし、南通部落の人たちも、村長、村議会、県に反対してその後の生活をして行く自信もなかった。私が最初に行った頃、二軒だけまだ残っていたが、共有地の売買をめぐって、先にハンをついた人たちにせめられていたのだった。それから三ヵ月たって行ってみると、もう一軒が落ちたばっかりの時で、そこの主婦は一軒か二軒じゃここで暮せるものではない、誰が悪いのか知らないが、こういうこと(原発)が来なければいいのに、といって軒先の端の方へ身を移してしゃがんで泣きはじめたのだった。

こうして水田一反当り五十七万円、畑三十二万円、山林原野二十二万円でほぼ強制的に買収されて南通部落は解体した。(この金額は後で決まったむつ小川原開発公社の買い上げ価格の山林原野で五十七万円の半分にすぎなかったので、格差分だけ上積みされることになった。)

南通部落二十戸のうち、先に売った十二戸はむつ市に代替地を譲られて集団で移り、残った八戸は小田野沢部落の入り口に赤土と岩盤に覆われた二反歩ほどの宅地をもらって住んでいる。たしかにその新しい住宅地にはその辺には珍しい片流れのモダンな屋根とアルミサッシの輝く家が軒を並べて建っていて、通りすぎる者の眼をそばだたせる。が、二十年以上も血と汗を流しながら切り拓き手塩にかけて来た耕地のほとんどは、その新しい家一軒分で消え、あとはたいした現金は手許に残らなかった。男たちはほとんどは出稼ぎや道路工事に出かけ、女たちは土から根こそぎにされ、家事だけが仕事になってしまった。

一番最後までがんばったAさんの家へ行ってみると、主人がいなくて今年七十九歳という父親が一人で留守番をしていた。玄関脇に小さな植木が立ち、そばに一メートルほどの「記念碑」が建っていた。その石にはこう刻まれていた。「南通部落原発移転　記念碑　昭和四十七年十二月十五日」。移転を記念する石碑を建てた気持はどんなものだったのだろうか。Ａさんがいなかったから聞くことができなかった。それは新しい生活への決意でもあるだろうが、私には「原発移転」の四字に彼の無念さが彫り込まれているような気がしてならない。最初部落から、みんなの移転したくない気持を村議会に反映させるために「対策委員」を出した。が、その対策委員は逆に移転を説得する役割を果たすことになった。Ａさんも対策委員だったが、彼は筋を通し、涙を呑んで辞任した、と以前私に語った。「二十五年以上もこの土地で苦しんで来たのに、すべてを金で解決しようというやり方が気に喰わない」。そう反対している理由を語ったのを私は記憶している。だから私は、小さな私的なその記念碑が、けっして晴がましいものではなく、苦い想いの結晶のような気がしてならないのだ。

Ａさんの父親は今こういう。最後にはオラの家と学校だけが残った。学校には先生と一年生の孫の二人だけ残ったのだが、その学校も廃校になるし、あすこにいて小田野沢の学校まで通学させるのは無理なことだ。宅地分として二反歩村で出す約束だったけど、ほれ見てみろ、あの通り岩盤があってどうにも使いようのない分まで入っているんだ。それに村有地四反歩を分けてくれる約束だったけど、三年たってもまだ寄越さないし、さいきんでは三反五畝《せ》にするだの、挙句の果てには念書がないから知らないなどといい出しているんだ。早く出してくれって、村長の所にみんなで何回も押しかけて行ってるけど、村有地をやるといった証拠があるか、などといい出しているんだ。役場も議員もいろいろ良いことといって、実行したものは何一つない。今ごろ南通にいれば、心配もなく、何不自由なく暮しているんだ。植えた防風林もだんだん成長《おが》って来るし……。今はここに来て、なんでも買って喰って、それも三倍も高くなって、これから金がなくなってしまえばどうなるのか。年とってしまえば、これからは手間賃取ることもできない。死ぬ時は原発にかぶりつきたい。

Aさんより少し前に移転して来たBさんは、いま住んでいる小田野沢部落から入植したので、Aさんほど不自由な感じではなかった。五三年に入植し、二町五反ほどの水田を持ち、これからもう少しちがうことも、と新たな経営意欲を持ち始めた時に原発の話が出て来たのだった。Bさんはこういう。どこへ行ったって住めば都、三年も暮せばこっちも良いように思うものだ。米を作っていたって、毎年天候に左右されるんだ。出稼ぎは人に仕えることになるが、決まった金も入ってくるし、それはそれで良いものだ。彼は私が最初にお会いした頃、これから何をやるか途方にくれている、といっていたのだった。男はどこへでも働きに行けるが女は土から離れてどうするんだ、と泣いていたのがここの奥さんだったのである。

私は彼女とも話してみたかったのだが、お盆のせいかひどく忙しそうに出入りしていた。住む場所を移っても、当然のことながら生活が続いている。生活し続けなければならない。二十戸の部落で、二軒程度で最後まで反対すると、結局、共有地の売買や移転先の問題などで、先に売ってしまった人に迷惑をかける。これもまた生活のしがらみなのだ。買収者たちはこの部分に集中攻撃をかけて一戸ずつつぶす。しかし、Bさんは漁業権は絶対放棄しない、という。小田野沢には漁港はないが、この長い海岸は、コンブ、ワカメ、アワビ、ウニなどの根付きの漁業の宝庫なのだ。

すぐ裏手の海に出てみた。太平洋から打ち寄せ、白い歯を噛む波の列がどこまでも長く伸びる海岸線で、子供たちが歓声をあげながら跳びはねているのが見えた。少しはなれて母親たちが手ぬぐいで顔を覆いながら、砂浜に干したコンブを一枚一枚裏返しにして歩いていた。原発がくるとこんなこともできなくなりますね、と話しかけると、知ってます、反対です、とその一人は答えた。ある商店の主婦も、みんな反対だべさ、といった。土地を売ってしまった人たちも原発の恐しさは知り始めて来たし、原発と隣り合せに住むことはいやなことだ、と思い始めて来た。やがてここにも反対運動は開始されるであろう。

反対闘争の広がり

東通村白糠部落。むつ市から三十数キロ。海岸沿いに起伏の多い道を越えてこの部落に着く。部落もまたその起伏に身をまかせるようにして街道沿いに続く。小田野沢部落は農業が主で漁業が兼業なのだが、この部落は小さな入江がそのまま良港になっていることもあって、根付き漁業のほかにイカ釣りが中心で、あとは出稼ぎで生計をたてている。戸数は三百九十五戸。人口約二千人。東京方面への土木工事の出稼ぎに出る前は、ほとんどヤン衆（ニシンの神様）として、海と山におしつぶされたような街道を通り抜けて行った。百八十年ほど前、ここを通った菅江真澄は、牛追いや木こりたちが、腰にさげていたこだし（編袋）から、灰を取り出して凍りついた坂道にまき散らし、あるいはとびくちで氷面を破って足場をつくって上り下りをしたことを記述しているし、ほぼ相前後して通り過ぎた古川古松軒はその『東遊雑記』で、「この日は風が吹きて、東海一面に鳴ること千万の雷のごとく、大浪馬前に立ちあがり、岩打つ浪の煙一丈も二丈も空にちりて、雨の降るごとくに頭上に落ちてみなみな衣をひたし、日本の内とはさらに思われず」と描写している。太平洋岸特有の季節風である偏東風は、時化《しけ》の前兆であり、「ヤマセが吹けば煮ている魚も逃げ出す」飢渇《けかち》風として嫌がられていた。古川古松軒がこの辺りを通った時吹きつけていた風が、このヤマセだったのにちがいない。

しかし晴れた日、灯台のある物見ヶ崎に立てば、尻屋崎まで続く気が遠くなるような長い海岸線が一望のもとに見え、引いて返す穏やかな波が見えるのである。この海岸に不吉な原発が二十基も建ち並ぶ計画を樹てた人間は、それだけでも罪が深いというものだ。

漁港から小さな峠を登りつめた所で油屋の店を開いている伊勢田操さんは、三月中旬に発足した「白糠地区海を守る会」の会長さんである。ここでようやく原発反対運動が始まったのである。

六五年五月。東通村村議会が満場一致で原発誘致決議をして次のような請願書を県議会に提出した時、伊勢田さんは村会議員だったし、また熱心な推進議員だった。

……未開発地区として、残された下北郡開発の重大要素として且又本県東部地区開発発展の条件として豊富な電力の供給源を確保することが最も重要なことであると確信するものでございます。

その伊勢田さんがいま反対運動の急先鋒になっていることに、原発反対運動の可能性が含まれているともいえるだろう。真面目に物事について考える人なら、初めは賛成であっても、やがては原発反対派になるという教訓を示しているのである。いま、彼の家には入れ替わり立ち替り部落の人たちがやって来て原発の話になる。奥さんはご主人に優るとも劣らないほど運動に熱心な人だ。

伊勢田さんはさいきん、すっかり成人した息子二人を一挙に亡くした。目の前の海で遭難したのである。亡くなった長男は、数多くの公害の本を残していた。もしいま生きていたら、きっとこの原発反対運動で活躍していたはずだ。奥さんは息子たちの生命を奪った海は見たくもない。しかし、息子たちが守ろうとした海を守るのは親としての義務ではないか、こう信じている。私は彼女に会う度に、伝わってくるそんな気迫に打たれるのだ。

伊勢田さんは最初、原発は地域開発のために良いものだと思っていた。六五年に県に誘致請願書を出しても、県からはなんの連絡もなかった。六八年に新しい村長になってもさっぱり音さたがなかった。そのうち、六ヶ所村出戸《でと》部落でも原発の立地調査が始まり、七十万円の予算がついたニュースが伝わって来た。こっちの方も負けていられない、ということになった。議会で問題になったが、翌年に持ち越した。村長が県に出かけて行ってみると、県知事は「待ってました」とばかり、「やるべし」となったそうである。どうも私はこの辺が老獪な知事の術中にはまったような気がする。すると早速、企画室の職員が飛んで来て、原子炉から出る熱は八百から一千度にもなるから、それを利用して東通村に無尽蔵にある砂鉄を原料にした製鉄工場ができる（原子力製鉄のことであろうか）、また、パイプを引いて道路の除雪ができる（冬の泊街道の難儀さは菅江真澄　遊覧記に活写されている）、などと結構づくめだったし、僻地の発展を願う真面目な議員を喜ばせて余りあるものだった。

ある原発地に見学に行った時、温排水に放射能が含まれることがあるか、と伊勢田さんは質問した。すると、そこの次長は、「含まれることもあり得る。作業員が作業衣を洗濯してそれが温排水に入ることもあり得る」と答えたという。この時から、彼の技術に対する信仰が少しずつ崩れ出したのだった。

温排水の温度が最低でも、七、八度海水より高くなってしまうこと、また温排水の中に、パイプにカキなどが付着しないようなシアンなどを流すことなどもやがて知るようになり、疑問は次第に広がり、その後調べるほど危険を感じるようになった。

その頃から土地買収も急ピッチで始まり、彼は売るのに反対していたが、周りを全部買収されてしまった。彼の土地だけが、まるで島のように孤立し、県職員にヘリコプターで畑へ行くのか、とからかわれるようになり、ついに手放してしまった。その代り共有地は絶対死守する、と決心している。現在、東京、東北両電力にまたがる長さ十二キロ約百二十五町歩（地主八十一人）の共有地の中で伊勢田さんを含めた三人が絶対反対の態度をますます固めている。もう一人の地主であるCさんは、「金の問題ではない。後の人間がどうなるかという問題だ」といい切っている。この共有地外では、私有地でまだ二人残り、隣り部落にも二人残っている。それに漁協が漁業権放棄を決議することはいまの場合まったく考えられない。

とすれば、まだ敷地内の地主が絶対反対を唱えて残っていることと、漁業権放棄ができない以上、いま計画が具体化した原発予定地では、もっとも反対闘争が強固に展開される可能性を持っているのが、この下北原発予定地だ、ということになる。私の前からの知り合いの高島さんも熱心な反対派だし、そんな人は数多くいる。青年団の役員にも会ったが、彼らも青年団でも反対運動を始めるつもりでいる。

部落内には次第に学習熱も高まっている。だからこれからどんな冷たいヤマセが吹きつけたとしても、ここの原発反対闘争はますます熱くなるであろう。

ラルフ・E・ラップはこう警告している。

「原子力の恐るべき威力は、福竜丸のデッキの上に示現された。爆発地点からおよそ百カイリ（約百八十五・二キロ）遠方の人間に、爆弾が音もなくついて、その人間を殺すことができるというなら、原子を支配する人びとにとって、この世界はあまりにも狭いものになろう。」（『福竜丸』）

伊方——早すぎた原発

段々畑と原発

地図で見ると、伊方町《いかた》（愛媛県）は八幡浜市のすぐそばにあるのだった。だから私は、軽い気持で新幹線に乗った。新幹線の「発達」は、新全総の狙い通り、「中央」と「地方」の距離感を喪失させるには十二分の効果を挙げ、私自身もさいきんでは、どこへ行くのでも、超特急や特急でたちどころに着いてしまうような信仰を持つようになっていた。

岡山駅から宇野に出、そこから宇高航路で四国高松に渡る。このあたりまでは、前にも来たことがあるので気も楽だったが、高松から特急で三時間乗っても、まだ松山さえ過ぎていないのには、さすがに心細くなった。八幡浜駅についたのは夜の十時半、家を出てから十三時間あまりもたっていたのである。しかし、こんなことに驚くのは、時刻表も見ないで汽車に乗った者の発見でしかなく、また東京生活者の感覚でしかないのだが、翌朝、いよいよ駅前から、佐田岬を縦断するバスに乗ってみて、わずか十数キロの距離にしか見えなかった伊方町まで、一時間あまりもかかるとは信じ難いことであった。

佐田岬は、地図で見る限り、四国の西端から九州にむかってまっすぐに伸びる、尻尾のような細長い半島なのだが、実際は細かく入り組んだリアス式海岸なのである。海岸線には道はなく、バスは九十九折《つづら》りの道を、登ったりくだったりしながら走る。木立の陰から道の下に覗かれる小さな入江には、人家がひしめき合い、山の上から海に没するあたりまで、丹念に築きあげられた、「耕やして天に至る」ミカンの段々畑なのである。

穫り入れをまぢかに控えた甘夏ミカンは、雲の裂け目から冬の陽が射すと、とたんにいっせいに輝き出すのだった。軒先きをこするようにバスは走って、伊方町九町《くちょう》に入る。「子孫に不安を残すな　原発設置絶対反対」。バスの窓から、軒下に張りめぐらした白地の幕を見て、私はここが、これから伺う、共闘委員会の川口寛之さんの家であることを直感した。数年前から来てみたかった伊方原発反対闘争の現場に、こうしてようやくたどりつくことができたのである。

秘密主義とごまかし

伊方原発反対闘争は、関東地区ではそれほど報道されていないが、住民のデモ、坐り込み、児童の同盟休校などの戦術も含めて、住民闘争として長い間闘われて来ていたし、住民が国を相手どった裁判、「伊方原子炉設置許可処分取消請求訴訟」は、武谷三男、藤本陽一、久米三四郎、生越《おごせ》忠、星野芳郎氏などの、各専門家を原告側証人として、原発そのものを裁くものになっている。その大衆闘争とそして拡大は、「西の三里塚」とも呼ばれ、新潟の柏崎原発反対闘争とともに、原発を追いつめるものとして、発展している。私のここに来るまでの知識は、そのようなものであった。

共闘委員会代表の川口さんは、穏やかで端正な老人である。彼は、「伊方原発は秘密主義とごまかし主義によって、進められて来た」と、これまでの経過を語ったあとでつけ加えた。そもそもの始まりから、こんにちに至るまで、四国電力、愛媛県、伊方町は、ただこの二つの主義だけで、住民に対して原発を押しつけて来たのである。

さらにそれは、金力と権力のごり押しでもあった。そのことは、原子力基本法に謳《うた》われている平和三原則、「自主、民主、公開」といかにウラハラなものであるか、つまりは、原発を推進するものの体質を、なによりも雄弁に物語っているのだった

伊方町の住民が、自分たちが住む地域に、原子力発電所が作られることを知るようになったのは、六九年八月の、「町政懇談会」の席上であった。ここで山本長松町長は、「地域の発展と出稼ぎの解消のために原発を誘致する」と発表したのである。町議会ではその数日前、満場一致で、つぎのような決議を採択していた。

原子力発電所誘致促進に関する決議

激動する現下の社会情勢のなかで特に人口、産業の都市集中には著しいものがあり、地方における過疎現象は衆目のとおりである。

このきびしい現況にかんがみ地場産業の推興育成は勿論、近代的工業施設の誘致を図り地域の開発を促進し、もって住民の生活水準の向上を図ることは目下の急務である。

ときあたかも四国電力株式会社による原子力発電所の一候補地として本町が選ばれたのを機会に本町議会ではさきに、建設中である日本原発敦賀発電所並びに関西電力美浜発電所の諸施設及びその周辺の諸条件を視察し、さらに侯補現地の実情を調査するとともに、これが地域社会に及ぼす影響等を考慮しつつ慎重な検討を重ね、当施設の実現が地域の開発と産業の推興に貢献するところ大なるものがあることを信じ、ここに原子力発電所の誘致建設の促進を期すると共に地域住民の生活向上の為最大の努力を尽すものである。

以上決議する。

昭和四十四年七月二十八日

愛媛県西宇和郡伊方町議会

科学技術の侵攻

ほかの原発誘致地区と同じように、伊方もまた過疎地である。五五年、一万二千七百名を数えていた人口は、七〇年には八千七百、七四年では八千三百と減少していた。九電が原発を建設した佐賀県玄海町の、六〇年から六五年にかけての人口の減少率が九・八パーセントとなっているが、これに対して伊方町は一二・四パーセントもの高率を記録し、その過疎化には著しいものがあった。天にも登るまでに耕やされた段畑《だんばた》は、次第に追い上げられる農民たちの生活苦の別表現でもあったのであろうか。急傾斜のままに海に没するこの半島で、ひとびとは半漁半農、そして出稼ぎによって、そのたつきをたてて来たのである。

ここはまた、日本でも最古の伝統を持つ杜氏の供給地でもあり、伊方杜氏は、県内、高知、兵庫、広島、さらには朝鮮、「満州」へと出かけていた。いま、酒屋は統合、再編成と機械化による合理化が進行しているので、それによってあぶれた杜氏たちは、一年を通じて阪神工業地帯の工場や土木建設現場へと出かけるようになった。

一戸あたり五反に満たない「段畑急傾斜農業」が、いまの甘橘類の生産に落ち着くまでには、養蚕であったり、染料の藍であったり、綿であったり、麻であったりした。そのいずれもがその後、科学の発達によって衰退させられたものだが、ようやくたどりついたミカンは、科学技術の極限としての放射能と共存しなければならない局面に達したのである。

また、かつて主食は二毛作による甘藷と麦を合せて食べる程度のものであった。だから、私が、バスの車窓から仰ぎ見、そして見下ろして驚嘆した、ミカンの段々畑は、狭少な、生産性の低い土地にも遠慮会釈もなく襲いかかる重税の桎梏《しっこく》から、すこしでも逃れるために、その時々の主要な換金作物の栽培に手を出しながら、ついに耕作可能なすべての土地を耕やし尽くし、山頂まで押し上げられた伊方農民の血のにじむような勤勉さの軌跡でもあるのだ。そしていま、ようやくミカンが農業生産のほとんどすべてとして定着した時、原発が「地域開発のために」誘致されることになったのである。

四国電力と町の密約

ところが、町議会で誘致決議がなされた頃すでに、瀬戸内海に面した「原発建設予定地」のほぼ九〇パーセントは、四国電力によって買い占められていたのである。議会決議は六九年七月なのだが、それより四ヵ月ほど前、山本町長は町民に図ることなく、独断で四国電力に原発誘致を陳情、町の職員を使って、土地の買収に当らせることにした。買収は、原発建設を地主に明らかにすることなく、その契約も、ボーリング調査をした上、適地であることを確認してから本契約をする旨の「停止条件」つきの一方的なものだった。

原発予定地の関係地主は百二十三名だったが、そのほとんどは、「ボーリングするための契約書だから」とか、「仮契約だから」とか、「みんなが判をついたから」とか、「強制収用になってしまえばもともと子もない」といわれたり、あるいは留守番の老人や子供をいいくるめて判をつかさせられたものである。四国電力と町は、とにかく、形式的な「契約書」を作成して、土地を手に入れることにしたのである。

伊方に落ち着くまで、四国電力は、ここからずっと高知県側に寄った津島町（現、宇和島市）に進出する予定だった。が、ここでは、実力闘争にまで発展した住民の抵抗にあって断念し（六八年）、そのあと徳島県海南町（現、海陽町）でも住民によって撃退されていた。だから、これらの経験上から、四国電力は伊方町においては、「原発」の二字はおくびにも出すことなく、遮二無二、用地を確保することにしたのである。

住民の知らない間に、町当局とは、「原発敷地の確保に関する協約」「業務委託契約」（二パーセントの手数料）を結び、町長、助役、議員を前面にたてて、地主攻略に乗り出したのだった。このことについてはあとでもう一度触れるが、これが川口会長のいう「秘密主義」と「ごまかし主義」なのである。

いま、伊方原発設置反対共闘委員会は、国を相手取った、原発設置許可処分取消しの行政裁判と併行して、地主たちの「土地所有権確認」の訴訟も提起中である。町長が独善的に誘致を決めてからの七年間、ここの人たちはデモ、児童の同盟休校、バリ封鎖、坐り込みなどの実力闘争によって原発建設に抵抗して来ていたのである。

川口さんからひと通り話を聞いてから、私は建設現場へ行ってみることにした。八幡浜からここまで来た道よりも、さらに急勾配で曲りくねる道を抜けて、瀬戸内海側に出るのである。九町から山を越えたところが九町越《くちょうごし》。現場は平碆《ひらばえ》（愛南町）と呼ばれているあたりである。平碆はその字に表わされているように、波をかぶる岩礁のことで、そこが埋めたてられて建設工事が進められているとのことだった。

原発基盤の脆さ

が、登りつめて急な崖を曲った時、突然視界がひらけた。すぐ足もとに、白い円型の原子炉格納容器が現れた。私は唖然とした。伊方原発闘争の高揚にばかり関心があった私は、ブルドーザーの這いまわる、埃っぽい工事現場を想像していたのだった。が、実際は、そんな甘さを嘲笑するかのように、すでにそこにはドーム状の原発がそそり立ち、鋪装された幅の広い道が整然と張りめぐらされ、尾根を伝って送電塔の列が遠くまで走り、すべてがもうあらかた完成していたのだった。それは碌に事前調査もせず、ただ力んでやって来た私にとって、手痛い打撃だった。私は、新潟県柏崎や青森県下北でこれまで見て来ていたように背の低い松がひょろひょろと生い茂るだけの広大な「予定地」とそれを取り巻く住民運動の熱っぽさだけを勝手にイメージしながら、伊方にやって来ていた。ところが、山を越えた途端、まるで隠されていた要塞のように、忽然として原発が現れたのである。それはこれからの「取材」の戦意をそぐに充分な風景だった。私は予想もしなかったほどに進行していた現実にたち返るゆとりのないままにタクシーは建設事務所に着いた。ここで会った建設所次長は鷹揚で、自信にあふれていた。昨年暮までで、工事の進捗率は八三パーセント。原子炉、タービン、蒸気発生器の搬入も完了して、現在残っている作業はパイピング（配管工事）などぐらいなものだ、という。

今年の秋には臨界実験に入り、当初予定通り、明七七年四月には営業運転に持ち込む。総工費七百五十億円、これは初めの四百八十億円の予算を大幅に上回ったものだそうだが、とにかくすべては予定通り、反対運動があったのにもかかわらず、着工以来四年間のスピードで、運転は開始されようとしているのである。電気出力五十六万六千キロワット、一号炉完成後に二号炉も着工される。電力は、十八万七千キロワットの送電線を伝わって、松山市にまで運ばれる。彼はこれからのなんの支障をも疑うことがないかのようにきわめてたんたんとこう語った。

「反対運動があってもなくとも、計画通り進んでいる」。こう豪語しているのである。すでに四国電力は勝ったものの自負を自分のものにしているようなのだ。

だが、はたしてそうかどうか。その建設工事の速さの中にそのまま、この原発の基盤の脆さが内包されていないだろうか。

原発はまだ早い

山口恒則四国電力社長は、『国際経済』の記者を相手に、かなりあけすけに伊方原発問題について語っている（七五年六月号）。この談話は、発表されてすぐ物議をかもし、山口社長は佐々木科学技術庁長官によって、「きつくしかられる」破目に陥った。この問題は国会でも取り上げられ、新聞でも報道されたものだが、まず、現在進行中の裁判について山口社長はこう語っている。

山口　しかし裁判は時間がかかるので運開〔運転開始〕に影響を与えないか、実は私も心配している。私共もまずいことをした。従来通り土地だけ買って立木はそのままにしておいた。立木がある以上、土地はこちらのものでも反対住民が立ち入る。そこで里道《りどう》を公共のために残さなければならない。公共のために里道があるようなところでは運転開始できないという問題がある……。

――建設をスローダウンさせて時間を稼ぐ考えはないか。

山口　伊方をスローダウンさせることは絶対いかん。稼げますからね。先のことはわからないが、いまのところは火力よりだいぶ安いのだから、工事を遅らせることを前提の話はいかんといってある。もう少し時間が経たないと何とも……。

――最初の候補地はボーリングだけして撤回したが、伊方ではボーリング前に土地買収を完了させた。なぜ土地買収を先行させたのか。

山口　ほぼできると判断したからで、適地であれば金を払う〔買う〕という条件付きの念の入った契約だった。あれぐらいの土地は危険を冒さないと、ある程度条件が整ったら買うというのでは買えない。必ず反対運動が起きてくる。だからあの買い方は良かった……。

つまり伊方原発を支えている思想とは、これまでの工業開発とまったく同じように、「先のことはわからないが」、少しくらいのトラブルが発生してもとにかく少しでも早く――それはとりもなおさず安くつくということなのだが――運転を開始したい、というような、「あとは野となれ山となれ」の思想でしかないのである。しかし、山口社長自身、そうはいってみても、原発自体、早すぎたものだ、という健全な常識も持ち合せていて、その正直な吐露が、原子力行政を強引に進める科学技術庁の高官たちを激怒させたのである。なお、ちなみに言えば、山口社長自身、通産省からの天下り官僚である。

――原発ラッシュブームはやはり早過ぎたわけですね。

山口　そういう感じですな。われわれは、国の政策でやれというから急いでやったわけでしょう。東電や関電はもっと早くからやった。先日、吉村社長（吉村清三関西電力前社長）と個人的に会いましたが、彼も早かったという感じを持ってました。

燃料サイクル問題の解決がついていないのに日本でどんどん軽水炉を作っていく。本当におかしな話で、濃縮が日本でできるわけでなし、とにかく発電所だけがどんどんできていくのは早過ぎます。

彼はまた、電力各社が最大の拠り所として住民を屈伏させている安全審査に対してさえも、「安全審査の方法が安全審査そのものになっていない面もありましょう」と率直な疑問を投げつけている。こうしてみれば原発は、なによりも、生産力と生産関係の矛盾のもっとも極端なものであることが判る。そのすべてがアナーキーなのである。私を驚嘆させた原発建設のスピードは、それの集中的な表現でもあったのだ。

九町越の、氏神様や十六戸ほどの部落はつぶされた。峠の一部は切り取られて、そこから出た土砂によって小さな入江は見る影もなく埋め立てられてしまった。その西隣りの漁港が島津港である。わたしはここで島津マサオさんにお会いした。ことし七十二歳の小柄な、眼のくりくりしたお婆さんである。

七〇年十月のある夜、ボーリング用機材が破壊され、四電が一千万円ほどの損害を受けたことがある。いまだに〝犯人〟が挙がらず、地方の人びとからは「正義の伊方天狗の仕業」とささやかれているのだが、その頃、聞き込みのために、毎日毎日刑事が山を越えてはこの部落に降りて来た。島津部落は反対運動のひとつの拠点だったのだ。山へ芋掘りに行けば芋掘りについてき、海岸へ出れば海岸までやってくる。「警察いうのが、あたしは嫌いでな」。そういうマサオさんは、それを膨大な俳句にして書き留めた。

「芋掘りに山まで来るや刑事さん」
「秋の海ながめて歩く刑事さん」
「秋の潮寄せては返す刑事さん」
「秋風に吹かれて寒い刑事さん」

「秋の夜さがしもとめる刑事さん」

「秋晴れにそぞろ歩きの刑事さん」

「秋しぐれ寒さこらえる刑事さん」

「秋の空むなしく帰る刑事さん」

「秋の雨ぬれては帰る刑事さん」

「原子にて歩き疲れる刑事さん」

大衆の哄笑とはこのようなものではないだろうか。

呑ませ、食わせ、カネを包む

そのちょうど一年ほど前、町長がやって来て集会場に部落の人たちを集めた。原発がやってくれば、町も税金の面で助かるし、出稼ぎもなくなる、そんな話を受けて、座長を務めていた夫の実さんは「それが時代の波なら、乗ろうじゃないか」と発言したという。ところが漁師たちは猛反対だったのだ。漁師にとって、海を取られるということは、百姓が畑をとられるのと同じことじゃないか。そんな意見が大勢を占めて、反対運動が始まることになったのである。

瀬戸内海に面するこのあたりは、アワビ、サザエ、ヒジキ、ワカメなどの特産地で、江戸末期頃から、大敷網、鯛網、船曳網などの根拠地として人が住むようになった。とりわけ四つ針網でのタイ、一本釣りのイカの水揚げが多く、伊予灘、周防《すおう》灘との交叉地点でもあるので、イワシ、ハマチ、メバル、イリコ、アジ、サバなども豊富に獲れた。が、市場にも遠く、港も整備されることもなく、船も大型化できないままに、「半漁半農でもなかなか食えんぞぉ」ということになったのである。内海とはいえ外洋に面しているのでよく時化た。実さんは戦後から少しばかりの農業と出稼ぎに出るようになっていた。

百日ばかり隣りの保内《ほない》町へ杜氏として出かけて帰ってみると、反対は反対でも、ゼニにしようという声が出はじめていた。一応、漁獲量の申請を出してみる、ということになってから、漁師たちは次第に補償金をアテにするようになった。これには九町越の方でカネが入った話も増幅されて伝わり、やがて、一人かい、やや（変）り、二人かい、やり、みんながカネに迷うようになってしまった。島津部落五十三戸のうち、補償の対象になる漁協組合員は三十七人だった。

漁会《りょう》（漁業組合）で六億五千万の補償金が決まると、「カネの力でみんなサンセイになってしまった。カネの力は恐しいぜえ」という結果になったのである。四電は漁協の幹部たちを料亭に連れ込んで呑ませ、食わせ、折詰めには一万円札を二枚も忍びこませたりしていた。反対運動のリーダーであったU区長も寝返ってしまったのである。

「裏切られた当座は、首くくって死んじゃると思ったほどハラが立った。それほどまでに力が入っちょったというわけよ。年寄りを使うだけ使って、破れゾーリの履き捨てみたいにポーンと捨てたのう。それでも、まだまだがんばるぜぇ」

マサオさんはこういうのである。

ミカン採りに行っていた実さんも帰って来て話に加わった。原発について、知れば知るほど、これはいけんぞぉと思うようになる。彼は四五年八月六日、山に登っていた。対岸の上空がピカッと光って間もなく、ウオーンと音がして、たちまちのうちに上空をキノコ雲が覆った。それを目撃したのだ。「ああ、広島が焼けよる」。そう思った。そんな恐しい爆弾があるとは思いもしなかったそうだ。それがいまでは原発にはその一千発分の死の灰が蓄積されるということを知るようになった。部落の人たちは「チカヨク（近欲）」だったのだ。

目先のハシタガネに眼がくらんでしまった。カネを貰ってしまったいまでは、表だって反対といえない。補償金を貰った人たちは、「カネは欲しいし、（原発が）できんがいい」というような二律背反の心境なのだそうだ。それに、補償金の配分をめぐっての不満はいまでもくすぶっている。最高は島津本家の六百五十万、次が寝返ったUの五百八十万、正組合員の最低が二百五十万、そして「株」だけあった人が八十万。だからいまでも酒に酔うとこぼしたりいがみあったりして、しこりはずうっと残っている。

「ようは来《き》さささんことじゃろ。来てから身体が悪くなった、ではもう遅いんじゃ」。実さんはこういう。

行政の闇と「原子の灯」

帰る挨拶をして起ちあがると、マサオさんは、私のレインコートや上衣のポケットにミカンを詰めこむのだった。もういい、もういいですよ、といっても、彼女はしがみつくようにして詰めこむのである。隣りの大成《おおなる》部落まで道案内しようというのを振り切るようにして玄関に出ると、マサオさんは裏から回ってもう長靴を履いて待っていた。

白い軍手をはめた両手を、曲がった腰のところにおいて先に立って歩き出すのだった。風の強い日で、虫のような雪が風に乗って飛んでいた。部落の横から、狭い坂道を登ってから、ふと振り返ると、すぐ足下に島津部落があった。

「ホラ、ひとにぎりのもんでしょ」

山の後ろからの淡い冬の陽射しを浴びて、瓦屋根の小さな家がかたまっているのが見える。島津さんの家も見えた。その家の前の道傍に出て、実さんがミカンを入れるプラスチック製のコンテナを積み上げているのも見える。その黄色が眼に沁みた。小さな船溜りには二トンほどの漁船が十二、三杯ほど繋がれ、その岸壁の外では叩きつけられた波が白くはじけていた。

「あの墓はみんな、売ったカネで建てたんでっせ」

段々畑の上にひとかたまりに墓が建っているのが見えた。それまで、石の碑を建てていたのは部落中で六、七軒しかなかった。残りのカネで家を改造し、フトンを直した。そういわれてみると、補償金の魔力がわかるような気がする。デモがあるたびごとに、実さんとマサオさんはその墓地の横を通り段々畑を越えて尾根伝いに原発の現地へ行く。片道二時間歩き通す。岬を回る時、マサオさんは右手を指して「むこうが広島、左が国東《くにさき》半島（大分県）」と教えてくれた。それぞれすぐ前に大きな陸地がけぶって見えた。海面から乳色に濁った低い空に、薄墨色のモヤがたちのぼっていた。ここではカツレイと呼ばれているのだそうである。

「あれが出るようになると春ですラィ」

反対運動の盛り上がっていた頃は、この岬を回って漁船が建設現場にむかった。だからその頃は尾根を伝って歩く必要がなかったのだ。私は、眼の下の海を何十艘もの漁船が、のぼりや大漁旗を風になびかせ、先を争うようにして進んで行く様を想像した。島津、大成の漁民が所属している町見漁協は、七一年十二月、ガードマンと機動隊包囲のもとで、それまでの「反対決議」を踏みにじって誘致賛成を「決議」した。といっても、審議もなされないうちに、突然議長が、起立採決を宣言、満場騒然となったうちに、決定したということになっているのだが、それは議事録にさえ残っていない無効のものだったのだ。それから次第に漁師にカネが入り、いま共闘委員会の集会やデモに出るのは、「いったんこうじゃときめたことは、さいごまで守らんならんぞぉ」という島津さんと大成部落の二、三人になってしまったのである。

道は曲りくねりながら続いていた。降りたり登ったりするたびごとに、私は、もうこの辺でいいです、もういいですから、といっても、マサオさんはいっかなきかないのである。と、眼下に小さな入江と、それをとりまくように白い屋根瓦の集落が見えた。大成部落なのである。

「あの、青い屋根の家の下あたりが○○さんの家じゃ」。そう教えてもらって、道が〝へ〟の字に曲ったところでわたしたちは別れた。私は道を降り、彼女は道を登る。ふりかえると、彼女もふりかえるところだった。私たちは同時に手を挙げた。腰を曲げてゆっくりゆっくり坂道を登るマサオさんの姿は、黄色く色づいたミカンの木のかげになって見えなくなった。

大成部落には人影はなかった。私が尋ねたお宅は留守、もう一軒の家もやはり誰もいなかった。男たちは出稼ぎに出、女たちはミカン畑に出ているのである。軒の低い家の間の細い道のまん中に、もう使うこともなくなった井戸があった。そこから先はもう路地とも、家の庭ともつかないのである。途方に暮れて私は、「塩」の看板を掲げた店に入った。駄菓子や野菜や文房具、なんでも売っている部落で一軒きりの店なのである。そこの奥さんは親切な人で、行き悩んだ私を見かねて、あっちこっちに電話して車の手配をしてくれた。陽が落ちたら。もう山道を越えて帰れないのである。

十年ほど前まで、まだいまのように道が拓かれていなかった時、病人が出ると、かついで山越えしたり、船で岬を迂回してもうひとつ先の瀬戸町へ運んだ。こんなところを狙って、「文明」という名の原発がやって来るのである。つまり、行政の光の当らなかったところを狙って、「原子の灯」を押しつけてくるのだ。それでも、いま、運動が消えてしまったように見えても、原発反対の火は、ひとりひとりの胸の中で燃えている。

ここはかつて、町が組織した原発祝賀パレードが回って来た時、部落の入口にバリケードを築いて阻止した所だ。店の奥さんは「いまでも反対です」ときっぱりいった。部落の人たちもほとんどがまだ反対だ。ただ、本人が補償金を貰ったり、親せきが貰ったりした手前、行動しきれなくなっているだけなのだ。だから、反対の焔は、そのかきたてかた次第によっては、もう一度燃え上がろうとしているのである。

協力派から反対派へ

伊方町は五五年、伊方村と町見村（九町村と二見村が合併）が合併してできた町である。いま共闘委員会の代表となっている川口寛之さん（七十七歳）は、町見村最後の村長（後で伊方町長を一期務めた）であったが、実兄の井田与之平さんは、二十数年もの長い間、町見村の村長であった。原発誘致の話が出てすぐ学習会を組織し、それを住民運動にまで拡げたのは川口さんの力だった。が、その当初、町の原発誘致に積極的に協力したのは、井田与之平さんだったのである。

山口四電社長は、前出のインタビュー記事で土地買収についてこう語っている。「町一番の土地持ちの有力者が『土地を渡せ。渡さなくてもどうせ土地収用法で取られるぞ』と宣伝してくれて担々と進んだ。最後にその張本人が反対に回って」

このことは、伊方の原発反対運動のひとつの特質である。反対のリーダーも、賛成のリーダーも、そのどちらもが村で人望を集めていた有力者であったことが、運動の昂まりと用地買収のスピードを規定することになったのである。と同時にまた、一般論的には、企業はまず町、村の有力者の権力を最大限に使うということと、それほどまでの協力者でも、物事をつきつめて考える人なら、やはり原発に対しては、過去のこだわりを捨てて最終的には強力な反対派となって再登場するしかない、ということである。

井田さんのお宅を訪ねると、この高い二階建ての旧家は、荒れ放題で廃屋同然の家となっていた。畳には垢がこびりつき、人の住む気配を感じられないほどに冷え切っていた。その部屋で、小さな電気コタツをはさんで、私は、この長身で謹厳な老人と向い合った。彼は自分の口から奥さんが自殺した、と語った。妻を殺し、家庭を破壊して、住民の反対を押し切ってまで原発は強行されているのだ、とも語り出した。八十五歳のこの老人は、いまはただ、原発反対の執念だけで生き抜いているように見えた。それがその言葉に力を与え、年よりもはるかな若さを保たたせているのである。

六五年秋、つまり町長が四電に原発誘致を陳情する半年ほど前、ある町議が井田さん宅を訪れ、「町のため最後の奉公をしてほしい。もし尽力してくれたなら、銅像を建てよう」といって来た。その時は原発という話は出なかったので、井田さんは裏山に道路でも作るぐらいに考えていた、とのことである。そして翌年の春、町議三人が連れ立ってやって来て、原発を誘致したいので、地主の方から陳情書を出してくれ、と頼んだ。四電はその三年前からすでに飛行機、ヘリコプターなどで調査済みなので、地質は判っていたとのことであった。

井田さんの話によれば、山本町長の後援会長は、同じ村出身の四電の重役だったので、この関係から〝誘致〟が出されたのであり、また県知事の資金バックも四電で、これによって町、県、警察の一体化が成立しているとのことである。井田さんは地主会の会長となって、四電との価格交渉に入った。当時、買収地の海岸周辺の相場は反当り二万円、それが七万五千円の価格提示がなされ、最終的にはそれに十五万円の「協力費」を上乗せすることになった。

ある反対派の婦人の話によれば、この頃、井田さんは原発協力を農協のマイクを通じて呼びかけていたので、彼女たちは井田さんの庭先で泥にまみれて土下座し、放送の中止を哀願したものだそうである。一方、井田さん自身、各地の原発地を視察した結果、次第に原発の安全性に対して疑惑を深めて行った。反対運動も、予定地への坐り込み、町役場への抗議デモ、そして小中学生の同盟休校、と実力闘争は高揚し、これに対しての機動隊の出動などで弾圧も始まり、伊方町は次第に騒然となって行った。

「町長はやられまっせ」

七〇年四月には、土地を買収された地主から、「契約破棄又は無効」の通告がなされ、十二月には井田さんを代表として所有権訴訟が提起された。ボーリングのための仮契約として判をつかせたのは錯誤に基づくもので、その上での原発設置は公序良俗に違反する、がその趣旨である。翌七一年一月、井田さんは原発反対のために、ほかの地主とともに「町見の自然と人を守る会」を結成、それ以来、反対運動を続けるようになった。

七二年春、井田さんは役場へ行って、妻と子供名義の土地が一年前に売買されているのを発見した。家に帰って奥さんを問いつめると、彼が原発視察に行って留守だった時に、いまのうちに手放さないと協力費の十五万円を払わない、などと脅かされて、ついに署名したとのことだった。激怒した井田さんは「主人を信用できないなら出て行け」と離別、奥さんは愛知県の子どもの許に身を寄せていたが、慣れない土地でうつ病となり、家に戻って来て七三年四月、首をくくって命を絶つことになったのである、井田さん名義の土地自体も、井田与之平ではなく、與之平の署名で売ったことになっているという。

「とにかく既成事実を作ればいい、というやり方が罷《まか》り通っているのは許せない」。井田さんは憤怒にたえない面持でいう。いま四電は、「立木収去土地明渡し断交仮処分」を申請している。山口社長がいちばん頭を悩めていた問題を「断交処分」として強引に決着つけようとしているのである。

「白人がインディアンの土地を略奪する仕打ちと同じだ」。井田さんはそういう。

原発は廃棄物の処理、微量放射線の放出による遺伝子の突然変異、地震時の危険、爆発、大量の温排水の排出、廃炉後の処理など未解決の重大問題を抱え、事故と休止を繰り返しながら強行され続けている。全人類的な問題としての、放射能汚染の危険に対して、いま反対しているのが、原発地域の住民だけであるのはまったく奇妙な現象だ。

伊方原発反対闘争でいま、もっとも根強く闘っているのは、戸数百二十四戸の向《むこう》部落である。ここの男たちのほとんどは阪神地方に出稼ぎに出ている。だから運動を支えているのは留守を守る夫人たちである。高須賀ふさ子さん（五十三歳）と話していると、二人のおばさんが入って来て、口に泡をとばしての原発の話になった。高須賀さんのご主人はちょうどその日、出稼ぎに発《た》ったところだった。

「五十代の人なら、原子というたらピーンと来るのよ。どないに上手にいうてもろたところで、わたしらには絶対なりません（できません）。戦争の恐しさが身にしみてるからなあ」

「わたしらの力によってからになぁ、たとえなぁ、運転がつこうと、ついたらついたなりに、スクラップにさせるまで、攻撃すると。それまでに絶対にやりまっせ」

「これには限度がありません、あたしらの運動には」

「そうそう、ないわい。放射能には限度ないやものなぁ」

「やりまっせ。四電がやめますからもう絶対しませんからいうまで、やりまっせ」

「機動隊も警察もこわいことありません。子供のためなら命を張ってもやる、という気持のもとには、こわいものはありません。金銭的なものでありませんけん、この気持、ひとつもゆるぎません」

「長松（町長）はなぁ、そのうちミカン業者に刺されますぜ。そのうち、阪神の人らがなあ、伊予ミカンを買わなくなって、ミカン業者に殺《や》られまっせ。わたしら、そう信じています」

第５章

柏崎　原発拒絶の陣型

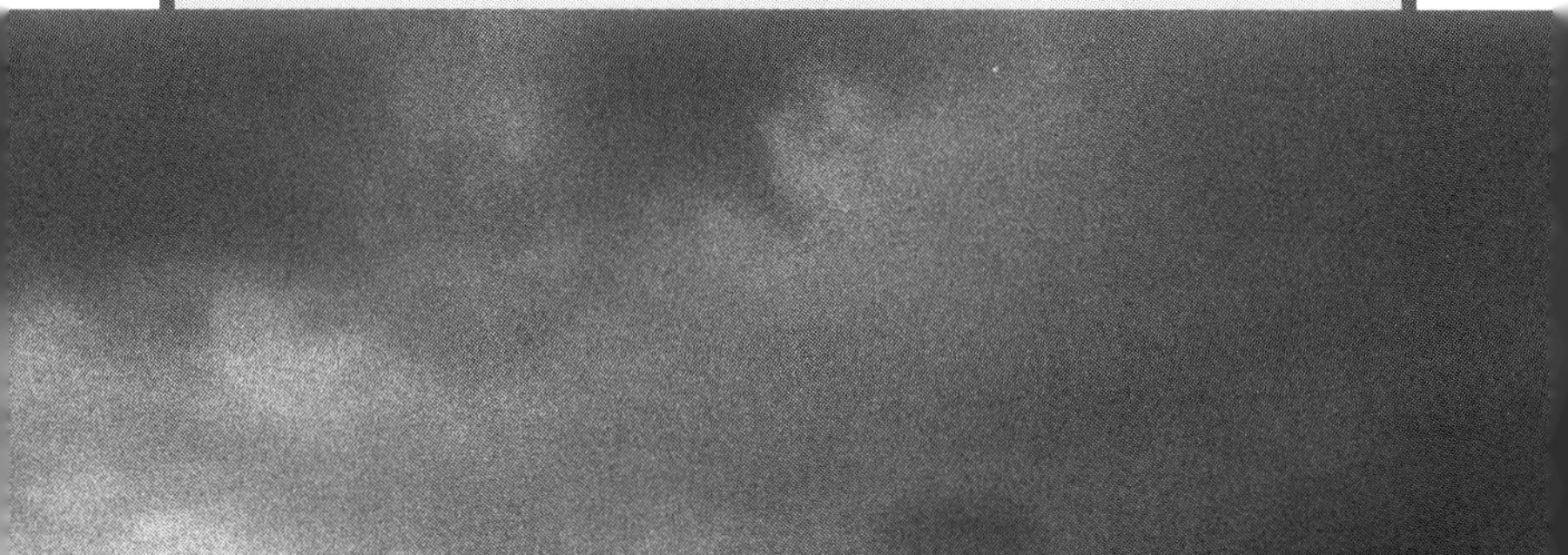

海岸線を反対派住民のデモが続いた。
柏崎電調審認可阻止決起大会後（1973年11月）

柏崎——原発反対闘争の原点をみる

根雪になった四年間の活動

荒浜経由出雲崎《いづもざき》行きのバスはエンジンを始動させて出ようとしていた。私は駅前の喫茶店で時間をつぶしたあとで、ようやく一時間に一本のこのバスに乗り込み、ホッとしたところだった。横なぐりの冷たい雨は前日から降り続き、新潟県柏崎には着いたものの、まったく身動きがとれないでいた。原発反対同盟にも連絡がつかず、その所在地もよく解らないままに、乗客もまばらなバスに乗り、この冷たい雨風の中を探し回るのか、といささかがっかりしていたのだった。もう日も暮れかけていた。

「鎌田さんはおられますか」

初老の紳士が飛び込んで来て声をかけ、反射的に立ち上がると、「芳川です」と名乗った。柏崎原発反対同盟の代表である芳川広一さんにはこうしてお会いすることになった。出先から自宅に電話した芳川さんは、私がバスに乗ることだけを聞いて駆けつけて来られたのである。雨はますます激しくなった。芳川さんの車で反対同盟の〝事務所〟に連れていってもらった。

そこは橋のたもとから土手伝いに少し降りたところの二軒長屋の一軒だった。さきほどまでなんどダイヤルを回しても誰も出なかったのに、建てつけの悪い引戸を力にまかせて引くと、その二間の部屋は、集まっていた青年たちの熱気に満ち充ちていた。

その日の前日までの六日間、彼らは交替で東京に出て、県労、地区労、市民会議などとともに原発建設計画の中止を要求するために東電本社前に坐り込み、科学技術庁、経企庁などの関係官庁へ「電調審」（電源開発調整審議会）に上程しないことなどを申し入れて来た。私がこのダイヤルを回して、受話機だけが虚しく鳴っていた頃、この若い活動家たちは、手分けして、東京での抗議行動の報告ビラを各部落に入れて歩いていたのだった。

そしてさらに、その日から十一月二十五日の「原発反対、電調審認可阻止・刈羽柏崎現地総決起集会」にむけて、毎晩、仕事が終わってから集まっては、各部落ごとの集会を開き、ビラを作り、ポスターを貼り、車で走って街頭宣伝をした。毎日雨が降り続いた。日本海地方はこの時を境に本格的な冬の訪れとなった。強い風が吹きつけ、雨は氷雨になり、霰《あられ》になり、時には激しい雹になり、細かい雪になった。

柏崎原発反対同盟が結成されたのは、七〇年一月末のことだった。それ以来、くる日もくる日も、ほぼ毎日、周辺の部落へ出かけ、学習会を開き、講演会を開き、集会を開き、デモを行ない、それにともなうこまごました、大事な活動を続け、四年目になろうとしている。この四年の間に、柏崎原発闘争は、いまある数多くの「住民運動」の中で、もっとも広汎で、もっとも強固で、もっとも多様な形態を持った大衆闘争を作り出して来た。私は時々、まとめてビラを送ってもらっていたのだが、ほぼ毎日のように発行されるビラが、的確に東電と行政の動きや、原発そのものの危険性を暴露し、その時々の具体的な方針を提起し、率直に行動を呼びかけているのを見て来た。またビラそのものもきれいで読みやすく、文章もきわめて解りやすいものだったので、どんな人たちがこの運動を支えているのか、にも関心を抱いていたのである。

〝地元の要請〟を創作した男

この時初めて会った、この二十代の青年たちは、想像していたよりもまだ人なつっこく、そして謙虚だった。測量事務所、印刷所、町工場、塗装工場などで働いていたり、教師や市役所職員などの雑多な職業に就いていながら、ここに根を張り、ここで生活しながら、毎日仕事が終わった後集まって来ては、地道な活動を続けて来ていたのだった。

そもそも柏崎市に原発がやってくるようになったのはどんな経緯からか、市役所で市長公室長に尋ねてみると、大体次のようなことらしい。

六八年一月から二月にかけて、通産省の委託によって県がボーリング調査を行なった。この頃、市議会では超党派で原発誘致研究特別委員会が発足、それから一年間研究した結果、「誘致」の結論が出され、それは本議会でも可決された。反対は社会党の七名だけで二十九対七の多数決だった。

原子力発電所の誘致実現に関する決議

……かかる現状にかんがみ、柏崎市においても将来のエネルギー需要に備え、原子力発電所を誘致し、建設の実現をはかることは柏崎市の産業振興に寄与し、ひいては豊かな郷土建設をめざす地域開発の促進に貢献するところ絶大なるものがあることを確信する。

よって、柏崎市は原子力発電所の積極的なる誘致を期するものとする。

この後、周辺町村へも、研究成果を持って呼びかけ、それぞれの議会で誘致決議がなされた。県庁内にも、原子力平和利用連絡会議が作られた。こうして、①通産省調査が実施済みである、②広大な未利用用地がある、③地元も協力する、これらの条件が備わったので、東電に誘致要請、東電は「これを受けて立った」と市長公室長は私に説明した。そして六九年九月十八日、東電は本社で記者会見を行ない、柏崎地区に八百万kWの世界最大の原子力発電所を作ると発表した。

つまり、市長公室長の話を要約すれば、まず、通産省が調査にきた（六八年）。その年の暮、県知事は誘致したいと議会で述べ、市議会で誘致を決め（六九年）、周辺町村もそれに倣《なら》って誘致を決めた。地元から東電に「きて下さい」と申し入れ、東電が「これを受けて立った」という経過になる。
東電計画による「原発予定地」は、柏崎市街地から六キロほど新潟市寄りの海岸線から始まるおよそ四百万平方メートルの砂丘地帯であるが、反対同盟の芳川さんによれば、このうちの五十二万平方メートルは、当時坪当り百円でも買い手がつかないとされていたこの土地は、六六年すでに買い占められていた、という。彼は調べてみた。
「一、昭和四十一年八月十九日
北越製紙株式会社所有三十二筆、約五十二町歩が木村博保（当時刈羽村長、現自民党県議）に所有権移転
一、昭和四十一年九月九日
同三十二筆五十二町歩が木村博保より室町産業株式会社（新宿区本塩町二十三、田中角栄氏と深い関係）に所有権移転
一、昭和四十二年一月十三日
錯誤抹消ということで三十二筆五十二町歩を、室町産業より木村博保にもどす」

（『月刊社会党』七二年二月号）

木村村長は田中後援会「越山会」の有力メンバー。この土地は「木村」と「室町」との間で転がされた後、七一年十月、「木村」から東京電力へと売られている。この時の売値は買値の二十六倍にもなっていたといわれている。「木村」が最初に買い占めた頃は「自衛隊がやって

くる」という話でこの辺は持ち切りだったそうだが、その話の出所は、当時の田中角栄自民党幹事長だったといわれている。

七三年七月、原水禁国民会議の招きで来日したタンプリン博士（米国ローレンス放射線研究所）は、柏崎での講演会の席上、「原発は原爆を作るための妊娠八ヵ月の状態」と語っている。自衛隊も原発も、どちらもはなはだキナ臭い。そこに田中角栄の名が登場していたのだ。

それにこうも考えられる。市長公室長が私に語ったところでは、六九年九月に、東電が地元の要望を受けて立ったということだが、東電の登場はそれより丸二年前の六七年九月のことである。当時の木川田社長は、日刊工業新聞の記者に、新潟県柏崎市は原子力発電を誘致してもよいというので東電は設置したいと語っている。六九年九月といえば、通産省の委託による県のボーリング調査も開始されていないし、市議会内に原発誘致研究特別委員会も発足していない時期になる。議会が結論を出す一年六ヵ月も前に、東電に柏崎で原発を建設する話をまとめていた人がいることになる。それは誰であったろうか。

市長の奇妙な楽天主義

まあ、昔の話はいいとしよう。昔は原発の怖さもそれほど知られていなかった。地元の人たちの生活を向上させるためには、何か大きな工場を誘致するのが、もっとも手っとり早い、と信じていた善良な首長もいたはずである。しかし、この二、三年で時代は大きく動いた。以前、石油化学工場は必ず爆発する、と断言する学者はいなかったが、いまは日常茶飯事的に爆発している。原発は安全だという学者もいるが、安全だと絶対いえない、危険だ、と断言する学者が増えているのだ。だから、当時は原発は安全だ、と考えたものの、さいきんになって、もう一度考え直そうと思いはじめたとしても不思議ではない。小林治助柏崎市長はこの辺をどう考えているのだろうか。

――どう考えて〝誘致〟したのですか……

市長　これからの社会にとって、エネルギーが貴重な存在であり、エネルギーの安定供給、電源の多様化などの大局的なものの考え方、社会的にも必要なものを作るという考え方からです。

また、立地条件として、たまたま広大な未利用の砂丘地があり、これを地域社会の貢献のために役立てようというものです。

――あえて柏崎市が誘致する必要性がよくわからないのですが……。

市長　住民需要のための財源を必要としてますから、関連の産業を発展させて福祉の向上を図るためです。

――しかし、原発の危険性の問題はまだ解決されていないのではないですか。

市長　安全の問題、再処理の問題、環境（への影響）の問題などは、歩きながら進めていくということです。「万全」とか「絶対」ということはあり得ませんから、これからも学理的に進めていくのです。危険性については専門機関、業界、政府で（研究と克服を）進めてもらいたいと思っています。

――誘致を決めた時からみても、石油コンビナートの事故の続出などもあって、怖さはさらにふえている筈ですが。

市長　野放図に安心しているのではないです。原発は最初から放射能を持っていて、これを害のないように出来る、という結論の上で開始されています。非常に慎重に行なわれてきています。不安をいったら、飛行機に乗っても汽車に乗っても不安です。電機器具にしたって、いつ事故が起きるかわからない。とにかく万全の措置を取って、立地する住民に迷惑をかけないようにします。

――ぼくは市長さんの原子力産業会議年次大会での講演内容を『原子力ニュース』（七三年七月十一日）で読ませてもらいましたが、その前段にある放射能、温排水、爆発事故、固体廃棄物の処理、それに緊急冷却装置がうまく動かない、炉心が溶けるなどの未解決の問題がある現状と、柏崎市がそれでも原発を誘致する論理は結びつかないし矛盾していると思うんです。メリットよりもデメリットの方がはるかに大きいと思うんですが……ぼくなんかでは、柏崎市には怖くて住めない。

市長　それらは研究し、改善を加えるべきもので、もっと努力していくべきものだ。だから炉を運転していくべきでないというものではない。固定資産税のほかに発電税や核燃料消費税などの新設も要請していくつもりだ。

——再処理工場の問題もあるでしょう。東京のゴミの問題でもそうですが、誰も人のゴミを自分のところで処理してあげようと思わないでしょう。これだけ大型の原発なら柏崎に作るしかしょうがないでしょう。

市長 再処理工場には反対です。ここで作ったからここでやるというものではない。国の方で解決するようになるでしょう。

小林市長とは三十分ほど会っただけだが、私はこれで、彼自身、原発は安全だと信じているわけでないことは解った。安全でない、つまり危険なものだが、その危険性は科学の進歩が取り除いてくれる、「歩きながら考える」ということなのだ。この底抜けの楽天主義はどこから来るのだろうか。そして、なぜ柏崎市という一地方の市長が、日本のエネルギーの安定供給などということまで心配しなければならないのかが、もっと解らなかった。

橋に刻まれた実力者名

東電がすでに九九・七パーセント買収済みと発表している原発予定地は柏崎市荒浜区と刈羽村にまたがる砂丘地帯だが、ここに隣接している町が西山町（現、柏崎市）。地図で見ると西山町から刈羽村にかけて、お寺と神社とそれに油田が目白押し。この辺は天智天皇の時代から燃える水の採れる町として有名な油田地帯であり、つい近年まで帝石の井戸掘りと日石の精油で殷賑《いんしん》を極めたところだった。

その油田もいまや廃坑となってしまって見る影もないが、西山町をさいきん、とみに有名にさせたのが「おらが村の宰相」田中角栄である。だからいま、かつてのヤマ師にも劣らないほど、この地帯に軒なみ穴を掘り込んでいるのが、田中後援会の「越山会」。越山会が強いのか、田中角栄氏の権力が強いのか、そのどっちにしても同じことだが、その強さを四つの橋が物語っている。

刈羽村には別山《べつやま》川と呼ばれる小川が流れているが、四、五年ほど前、それが改修されて橋もまたコンクリート化された。橋が新しく架け替えられて、名前もまた新しくされた。上流から、和田橋、市中橋、井角橋、そして東栄橋。なんの変哲もない名前である。が、クイズ好きな人なら、この橋に流れる奇妙な符合に気付くだろう。和田橋、市中橋、井角橋、東栄橋。この四字を集めて田中角栄。コンクリートの橋には一字一字、この偉大な庶民宰相の名が刻み込まれていたのである。

さきに登場した木村博保元村長（刈羽村）が越山会の有力幹部なら、小林柏崎市長は自民党柏崎・刈羽村連絡協議会の会長であり、また、こと原発に関していえば、市会議員、村会議員、商工会議所、観光協会、漁協、農協、農業委員会、工業団地、大小企業の社長、工場長、同盟、青年団等々を網羅して組織された「柏崎刈羽原発対策協議会」の代表世話人でもある。

このように、時の権勢をほしいままにする人々が集まっても、七七年度運転開始予定だった柏崎原発は、いまだ電調審での認可もなされておらず、各部落には原発反対守る会がひとつひとつ着実に広がり、いま建設予定地はすっかり反対運動の波に囲い込まれてしまっている。

七二年十二月中旬、衆院選挙。ついに総理の座にまで登りつめた田中角栄氏は、パンダブームに乗って空前の人気。三区三十四市町村で首位を占め、圧倒的な強さを発揮した。ところがである。彼との馴染み深い原発予定地刈羽村の票だけは減っていたのである。三年前この村での総選挙得票数は二千五十票。この時は千八百六十五票。この間に減った百八十五票の意味は大きい。原発の黒い霧が今太閤の得意満面の表情を一瞬曇らせたことであろう。

住民投票は原発反対を明示

柏崎の市街地から車で十五分も走れば、もう荒浜部落に入る。ここは原発予定地とすぐ隣り合せになっているところだ。六九年十月一日、原発反対荒浜守る会が結成された。青年団とおっかさん連中四十人ほどが集まって、原発反対の意思表示をした。住民運動としての原発反対闘争はここから始まったのだった。

海岸沿いに県道が走り、家々が肩を寄せ合うように立ち並び、その軒先には、日本海から吹きつける、冬の凍りつくような風を避けるためのセイイタ（製材の時に出る半端な板）がカーテンのように並べられている。そんな町並みの中の一軒の家が池田米一さんのお宅だった。軒の低いガラス戸の店構えで、屋号は旭屋。せんべいや駄菓子を売っている店で、今年六十一歳の池田米一さんは炬燵に招き入れ、お茶をいれ、店へ行ってピーナッツを飴状に固めた香ばしいお菓子やせんべい等を塗物の重箱に入れて出してくれた。

最初の頃は、この辺が開発されるのなら悪くないと思っていた。そのうち新聞を見たり守る会の人と会ったり、集会に顔を出してみたりしているうちに、だんだん大変なことだと思うようになり、自分でも真剣に考えるようになった、と池田さんは話し出した。若い連中が一銭にもならないのに、それも遊びたいさかりだろうに、毎晩チラシを配ったり熱心にやっているのに感動して、自分もだんだん「深みにはまって」しまった。

子供たちはみんな東京に出ていて、自分は家内と二人だけ。時間的に余裕があるので、何かお手伝いできることがあれば、地元の人のためにもなるだろう、そんな気持で、守る会の仕事をしているのだそうだ。他の人たちは勤めを持っていて普段は家にいないので、池田さんのところは、自然に、荒浜守る会事務局のようなものになったのである。

この辺りの人たちは近年まで海に出て生活していた。大ざっぱにいって、春は鱒、秋は鮭、冬はニシン網を作り、その後、樺太、カムチャツカまでニシン漁の出稼ぎに行った。池田さん自身は、若い衆を十人ほど雇った網元だったという。そういわれてみると、時代劇によく出てくる箱型の煙草盆などの調度品が、そんな面影を偲ばせる。五〇年頃までは鮭が千二百匹ぐらい獲れるほどだったが、漁夫の賃金体系も時代を反映して水揚げ制から固定給制にしなければならなかったし、肝心の人間が、高度成長とともにいなくなってしまった。昔の漁師の生活ならば、燃料は山へ行って松葉を拾ってくればよかったし、カラーテレビもなかったから、十分やっていけたものだが。漁港もできなかったので、船は一～一・五トンほどの小舟。田は持たず、畑でイモか野菜をとるだけ。いまはほとんど近くの工場へ出かけるようになり、工場との兼業の漁師が十二、三人。レジャー的にやるのが三十人ほど。

六九年三月。市議会で誘致決議されたあと市の三役たちは、各町内会や区を回って説明会を開き、やがて東電も地元の仲間入りをさせてほしいなどといいながら、チラシを配りはじめた。町内会には原発対策委員会が作られた。これは各区から三人ずつ、区長も含めて三十六名のメンバーで作られた。そして、七一年十二月、町内会長は自宅に密かに区長会を招集して、ここで、道路を作ってくれ、護岸してくれ、などの条件をつけた原発誘致賛成を決定してしまった。これは市の、特別委員会設置、本会議決定へと強引に持ち込んだやり口と全く同一のもので、住民の憤激を買った。

このためか、翌七二年三月の区長改選では十二区中七区までが反対派区長となり町内会長も反対派から選ばれ、四月の臨時区長会総会では「条件付き賛成」の方針は白紙に戻すことが決定された。そして七月に入って、区長会は全国でも最初の「原発住民投票」を行なうことを決定した。

この住民投票をめぐって、反対派は反対同盟、守る会の主力メンバーを中心に、毎日、早朝ビラ入れを実施し、賛成派の保守系市会議員は宣伝カーで、「投票するな、部落を二分するな」

と流して歩いた。市長もまた町内会長に中止することを要請し、反対派は、原発誘致こそが部落を二分させるものだと反論、この自主投票をめぐる運動は、それぞれの住民に選択を迫り、結局、投票は原発反対二百五十一票、賛成三十九票、白票三十五票で、圧倒的多数の住民が原発に反対していることを明らかにしたのである。

「原発問題が出てから、アレはとんでもない、という意見が出て来るようになりました」と池田さんは田中角栄氏についていう。それまでは東京へ出て行って、郷土自慢のひとつふたつが出る時、「おらちの近くだ」といって親しみをこめて話すことができた。が、いまは「原発は田中の野郎が持って来た」となってしまった、という。

保守的ボスは追放された

ある夜、私は刈羽守る会の会合を傍聴させてもらった。十一月二十五日の集会にむけての会議で霙《みぞれ》の中を四十代、五十代、六十代の男たちやおっかさん方が十数人集まってきた。私はここで、会合が、会議ではなく、みんな口ぐちにしゃべり合う寄合いとして三時間近く続くのを見た。それは形式的ではなく、むしろ他人が話している時でも、主婦たちは別な話を（といっても関連した話なのだが）しているのを聴いていた。

話が拡散しながら、次第に集中していくのだった。議題？は、午後から隣り部落の荒浜の会場へ行く方法と動員方法だったが、その前の午前中に、刈羽村の人たちで、一方的に原発予定地にされてしまった里道《さとみち》（認定外の生活道路）を、今までどおり使おうという具体的な行動の提起が含まれていた。道にはみんなで立札を立てることになった。

「この道は里道でありますので、何人も道を破壊したり、遮断したり、通行を妨害してはなりません　関係住民」

こんな立札をあっちこっちに立てることになったのだ。里道は予定地内を無数に走っている。

「鯨が揚がった時、みんなで見に行ったろ、ありゃ、いい道がついてるだ」

「ごじゅんげも通っているな」

「あれは明治天皇が御巡幸した時の道だよ」

「道はいくらでもある」

その日から反対派の人たちは総出でそれらの道を歩き、立札を立てる。「道はいくらでもある」。それは予定地が買収されても、反対する道はまだいくらでもあることをも暗示していた。

原発反対闘争は、荒浜もそうだったし、刈羽も、それ以外のそれぞれの部落ごとの守る会を中心にしたこれまでの闘争がそうだったのだが、保守的なボスを役員から追放し、部落共同体を再生させる運動と同一のものだった。何度も寄合いが開かれ、学習会が開かれ、集会が持たれ、デモなどの大衆行動が持たれ、住民の意識が変わるにつれて、町内会の運営は、民主主義的な内容を備えるものになってきた。この過程で地域ボスが吊し上げられ、追放された。

刈羽村の場合、七〇年春にまず原発反対の署名運動から始まった。この署名では三千八百五十九戸中二千三十九戸の反対が集まったのだが、区長が握りつぶして、署名簿は行方不明になってしまった。刈羽村は予定地地主の大半を占めていた。署名簿をめぐって区長追及が急激になってくると東電は買収を急ぎ、速達を出して公民館に地権者を集め、一挙に用地売買契約を結ぼうとしたのを、守る会中心でピケを張って、生まれて初めての実力闘争で阻止、雰囲気はすっかり盛り上がってしまった。

次の日はさらに小学校に約五百人が集まり、ムシロ旗と耕うん機を先頭に村史上初のデモを実施、この年暮の部落総会では部落執行部を突き上げて辞任させてしまった。

七一年一月選挙で反対派過半数、七二年選挙で賛成派一人、七三年で全員守る会推薦者当選。ついに、部落代議員から完全に閉め出された賛成派は、部落を分裂させて、〝第一刈羽〟なる新しい部落をデッチ上げた。それまで東電は、部落の環境整備事業として街灯を寄付するといってきていたのだが、この分裂を待っていたかのように工事費五十万円を分裂部落に寄付、二十五基の街灯を設置した。守る会側は抗議行動を続け、

①九月四日までに刈羽部落地内に建てた街灯用電柱はすべて撤去せよ。履行しなかった場合に発生する事態の一切の責任は東電にある。

②住民の分断と対立を目的として酒食をもてなしたり、金品を贈るなどの反道徳行為は今後一切やめよ。

と通告、ついに電柱は賛成派が自らの手で撤去することになった。

刈羽村のこの間の反対運動をだいたい語り終えた後で、会合に来ていた人たちは「みんな親戚みたいな部落でよくここまできた、と思いますよ」としめくくった。

反対同盟を構成する人々

現在守る会は荒浜、宮川、刈羽、新屋敷、椎谷、大洲、西元寺、正明寺、大塚、北方の十部落に組織され、これらは守る会連合を作っている。この十部落の守る会で、原発予定地はほぼ包囲された形態になっているが、守る会はこれからもまだまだ増え続けるだろう。

このように守る会組織を各部落の住民の中に組織する役割を担ったのは、活動家集団としての反対同盟である。

反対同盟は七〇年一月結成された。その二ヵ月前に荒浜守る会が、一ヵ月前には宮川守る会が発足していた。宮川守る会を作った芳川広一さんが反対同盟の代表者になった。芳川さんは宮川部落から出ている社会党の市会議員である。その時が三期目だった。その頃は、荒浜、宮川も原発による地域開発への期待感で満ち充ちていた。以前、教師だった芳川さんは、原発には疑問を持っていたが、こんなに期待感が強まっている時に、反対をいい出すのは、議員としての生命をなくすることになるかもしれない、との判断もあった。

しかし、地元の人のためになる政治をしない議員なら意味はない。彼はこれまでも、宮川地区が柏崎に併合されるのに反対する運動や学校の新築をめぐっての問題などの追及を通して彼を支持してきた〝おっかさん〟層と原発問題について話し合い、各部落の〝常会〟に出席させてもらい、そこで話し合った結果をビラに刷って配ることから守る会の結成を準備していった。

一方、当時まだ新潟大学に入っていた地元出身者や柏崎で働いている反戦派労働者、社青同の活動家、これら二十～三十名足らずの人が集まって反対同盟を結成させた。武本和幸君は新潟大の農業土木の学生だったが、学校へ行くより原発反対で動き回る方が多かった。よく家に帰っていては田んぼに入ったり、用水の工事などの共同作業では近所の人と一緒に働いたりしていたから、原発の話もしやすい条件にあった。近所の青年たちは、生産性の上がらない農作業にソッポを向いていたが、彼は、たとえ生産性が上がらない仕事でも田んぼに入るのが好きだった。長男でもあるので、卒業した後も柏崎市内で働いている。

東京の学校へ行っていたが病気になって戻ってきた人、京都の学校を卒業してこっちで勤めた人、東京で働いていて戻ってきた人、ずうっとここで働いていた人たち、もう都会には幻想を持っていない、これらの青年たちが、反対同盟に加わった。つまり生産性に血眼にならない青年たちがビラを作っては一軒一軒上がり込んで話すようになったのだ。

全原連（全国原子力科学技術者連合）や各学者を招いての学習会、講演会、映画会、デモ、小集会、大集会、この準備のためのビラ作り、ビラ撒き、連日連夜の少数者の反対同盟員の行動を通じて各地に守る会を組織し、その中で討論し、具体的な方針を決めて、ここまでの闘争を継続してきたのである。

芳川さんは社会党議員であるが、反対同盟の活動家たちは、既成政党には批判的な諸君だ。それに年は親子ほどもちがう。その辺を芳川さんに聞いてみると、「彼らとは意見が一致したことはありませんよ」という。とにかく原発を作らせないために一緒に行動しているのだ、という。意見が対立して行動しなくなったら、守る会に責任を持てなくなる。一緒にやってくる中で、一緒に勉強してきたと芳川さんはいう。政党レベルの発想でいうなら、社会党、共産党、地区労の三者で作っている「市民会議」がある。が、彼は原発を作らせないために、市民会議を、ではなく新左翼の青年たちを選んで、彼らとの運動に賭けているのだ。

石油危機の中で白熱化する攻防

客観的条件だけから見るならば、柏崎原発反対闘争は厳しいところに追い込まれているかもしれない。原発建設の前提三条件といわれている、①地元住民の了承＝議会の誘致決議、②用地買収の完了、は形式的にはまず済んでいるし、残るひとつの③漁業交渉の完了、のうちの漁業権交渉も大詰めに近づいている。

原発の温排水は八度ほども上がると計算され、その流量も信濃川一本分とされている。これによって、環境がどう変化するか、原発から出る微量の放射能がどんな人体被害を与えるか、の全容はまだ明らかになっていない。東電は海水が三度高くなる範囲が幅六千九百メートル、沖合への距離千九百五十メートルと試算、二度上昇範囲を幅九千六百メートルに距離三千九百メートルとしている。が、はたしてこれだけで済むものだろうか。

その補償総額は、二漁協、正準組合員合わせて約四百名に対して五億五千万、二次案で十九億三千万。これに対して両漁協要求額は百十億円。金額の開きは大きすぎるとはいえ、漁協および県漁連側は〝交渉〟に場を移しているのだ。出雲崎漁協は当初、原発反対決議を行ない、原発反対三千名署名を集めている。これに忠実に従うなら、補償交渉はできない筈なのだが、ここに対する反対側の働きかけが、いまだ十分成功していない。が、周辺地元民の反対運動は次第に強まり、各原発反対運動との連絡も密になりはじめている。

政府は「エネルギー問題を解決する最大のカギは原子力の利用にあり、原子力発電所の建設が急務となる」（前・前田科学技術庁長官）とハッパをかけ、用地周辺買収法ともいわれている「発電用施設周辺地域整備法案」を早いとこ成立させようとしている。いま当面する石油危機は将来の、それもいまださっぱり危険性が解消されていない原発を遮二無二推し進めるには、まさしくチャンスなのである。

私は、雨が、少なくとも風だけでもやんで欲しいと思いながらここで六日暮らした。帰る日、着いた日と同じように、芳川さんの助手席に乗せて頂いて〝原発予定地〟へ行ってみた。ついさいきんまで、荒浜部落と大湊部落を結ぶ四キロほどの海岸線は砂丘に隔てられ。隣り部落へ行くにも遠く迂回して歩くか、わざわざ汽車に乗るよりしかたなかった、という。ようやく県道が貫通したいま、今度はその砂丘地帯は、そのまま原発にされて道はつぶされ、人はまた迂回して通らされようとしている、そんな話を聞いた。

「ここからです」――そういって芳川さんは予定地の境界線を教えてくれたが、そこはまだ後ろに人家が見えるところだった。人家と原発は隣り合わせて仲良くやれ、と市長はいうのだろうか。まだ植えてそれほど間がないような、低い松の防砂林が目立つ。こんな狭い所に百十万キロワットの原発が八基も、どう並ぶのか、私には想像もできないことだった。

海を見た。水蒸気と波が一体となって逆巻き、渦巻き、海の上に立ち昇り、水平線から垂直に立ち上がってそのまま雲とつながって見えた。それは異様な光景だった。

私は海面で風に吹かれて濛々と立ち舞っている雲のような水蒸気の運動を見ながら、これからの闘争の激しさを思った。

守勢から反攻へ〜柏崎原発反対闘争〜

呼びかけに応える人々

人が集まり始めて来た。あすの「原発問題講演会」のガイセン（街頭宣伝）に出ていた人たちが、それぞれの任務を終えてやって来たのである。海ぞいに建っている、宮川公民館の広間では、ひとあし先についた大阪大学の久米三四郎さんを囲んでの懇談会が行なわれていた。

近くの主婦たちを含めての守る会の人たちや反対同盟のメンバーの話は、自然に、これまでの運動の反省、というようなものに進んでいった。七〇年一月に結成された柏崎原発反対同盟は、五年間の手さぐりの運動を続けて来たはてに、いまようやく、予定地域の地盤が原発建設に耐えられない、脆弱かつ危険なものであることを論証して東京電力を追いつめ、反攻に転じようとしているところだった。翌日に準備されている集会は、その第一歩を踏み出すものなのである。この日配られたビラにはこう呼びかけられている。

これまで原発は「電力が足らないから必要である」とか「国策である」とか言われ、「実用段階の原発」「絶対安全」などと宣伝されてきました。しかし、現在、原子力発電所はその危険な正体をはっきりあらわしています。

全国の原発でまともに動いているものはひとつもありません。事故や故障が相次ぎ、周辺住民ははかり知れない恐怖にさらされています。また、莫大な資金を使って建設した施設は、それゆえに採算が合わなくなっています。

さらに、原子力需要が減っているため電気が余り、原発建設の必要がなくなってきています。政府は昭和六十年度に六千万キロワットの原発を作るという全くデタラメな計画を縮小せざるを得なくなり、また、東京電力福島第二原発は、工事を二年余りも遅らせると発表しているありさまです。

しかし、東京電力は、これら全国的な状況があるにもかかわらず、柏崎原発計画の無理押しをしようとしているのです。

私たちは、昨年八月以来、原発予定地盤がきわめて劣悪であり、とても原発など作れないこと、そして、劣悪地盤をごまかすため、東電が調査結果を書き換えていたことを見つけ、東電・国・県・市当局を追及してきました。

これに対し、県は去る二月十一日、地盤問題の検討結果と称し、内容の上では私たちの見解を認めながらも、最終判断は国まかせといったゴマカシの結論を公表しました。これは、県の責任をあいまいにして、早期安全審査をめざす東電の意向に従うものであり、絶対に認めることはできません。

住民の手で原発審査をやろう
日時　三月九日（日）午後一時より
場所　柏崎高校　体育館
講師　原子力発電の危険性
　　　久米三四郎氏（大阪大学）
　微量放射能の遺伝的影響
　　市川　定夫氏（東京大学）
　柏崎原発予定地地盤問題
　　生越　忠氏（和光大学）
主催　守る会連合、反対同盟
東電の安全審査ゴリ押しを許さない。デタラメ安全審査を認めない。
原発審査は、私たち住民が、住民の立場でやるぞ

公民館での話し合いは、自分たちが請け負いすぎていたのではないか、住民のエネルギーをどう引き出すべきか、もう一度運動の初心に還《かえ》ろうなどの話にむかって行った。

「このあいだ、科学技術庁提供のテレビを見ていたらよ、質問者がこう聞くんだ。〈原発の電気を使ったテレビ見ていて、頭がハゲませんか〉(笑)。そんで、そんな心配はいりません、安全です、という結論になるんだ」

「ひでえのう。住民運動を馬鹿にして」

「おらたちの運動も、地盤問題では東電に打撃を与えたけどよ、これに埋没しすぎて、守る会の組織化が遅れたんじゃないかな」

「守る会がなにをやっているのか、よくわからなくなった」

「チラシ(ビラ)も大なり小なり自分たちで作るようにしなくちゃ」

「反対同盟のチラシが立派すぎるコテ」

「チラシを作れるような人は、こっちにいなかったからな」

「まえにあったろう。資金カンパのための廃品回収のチラシを出したら、二〜三行の文句に、誤字、脱字が十いくつあったりして(笑)」

「いままで、ホラ見ろ、ホラ見ろ、おれたちのいう通りになったろう、で運動をやって来たけんど……」

「一般の人は、慢性化してしまったよ」

「前は推進派がすぐ目の前にいたから、もっと緊張関係があったよな」

「〝一部の反対〟だからやりやすかったのさ。やっていることはみんなにすぐ徹底できた」

「いまは〝一部〟が多数になっちゃって（笑）」

「だから、いまは参加するのにも、ただ、事務的に話しするだけで、集まるようになってしまった」

「とにかく地盤問題では、東電と市の関係を分断させたんだ。地震に弱いことをはっきりさせたんだから、これをもう一度、どう運動に結びつけるかだな」

「あすの集会がその転機だ」

公民館での話し合いは夜の十時ごろまで続いた。そのあと、反対同盟のメンバーたちは「事務所」に集まって、翌朝の行動の打ち合せをした。意見の対立も出た。かなり感情的ないい合いになるのである。一年ちょっと前に来た時にも、私はそんな対立を目の前にしていた。が、その同じメンバーは、やはりがんばっているのだ。反対同盟代表の芳川さんの話によれば、

「誰かツラハラさないものはいない」のだそうである。

戦術をめぐって、誰かがふくれっツラをするほど議論になり、けっして全面的に一致することはないのだが、その日その日の行動にはみんな参加する。柏崎原発反対同盟には、五年たったいまも、そんな運動の初々しさが残っている。個人個人が原発阻止のために集まり、働いている時間以外の、彼の生活のほとんどを賭け、住民として、住民に責任をもつこの運動が、こんな柔軟さを持ち続けて来ているのである。

〝祭り〟としての団結小屋建設

翌朝、朝九時から建設予定地内で抗議集会が開かれた。千人を超える人たちが集まって来た。周辺部落の人たちや、柏崎市内の労働者や県内各地から駆けつけた人たちである。いくぶん暖かくなった風にはためく赤旗を見て私は意外な感じを受けた。

そこには県評、地区労、全逓、全電通、鉄鋼労連などの字が読み取れた。あるいは、それはいま、住民集会では当然見うけられる光景かもしれない。住民集会に労働組合が動員をかけて集まるのは、あたり前すぎることかもしれないし、いまではむしろ、運動の「形骸化」を証明するひとつの事例になっているのかもしれない。まして、マイクをにぎって、これからしゃべり始めようとしているのは、社会党市会議員の芳川さんなのである。私は、東京を発つ前にもこんな話を聞いていた。「柏崎原発闘争もいまでは駄目になった。すっかり県評ペースになってしまったからな」。が、比較的〝接触〟して来た私は、そうではないことを知っているのだ。

芳川さんは、まず、こう挨拶した。

「きびしい冬も去り、ようやく春の陽射しがおとずれました。なんか卒業式みたいだなアッハッハッハ」

彼はかつて教師だったのである。

これまでの例からすれば、住民運動が、県評傘下の組合旗にとりまかれ、社会党（あるいは共産党）員が代表として、すこしズッコケた挨拶をしたとしたら、それは、運動の今後にとってあまりいい兆候ではないといえる。しかし、それはあくまでも皮相な見方でしかないのだ。この三年間ほどの現地集会は、ことごとく雨や雪のまじった強い風の中で開かれて来た。

前夜の星空を見上げて、誰かが、「おう、あしたは、晴れるぞ」と叫んだのも、何年間ぶりに、晴天のもとで集会を開けることを喜んだからであった。前年の冬、私は、ここで六日ほど暮したが、その毎日が雨と雪に悩まされたものだった。雨と雪ならまだいい。日本海特有の冷たい風には、まったく手も足も出なくて、日を送ってしまったのである。

その日は、よく晴れ渡り、日本海の波もまた静かだった。前に来た時、水蒸気と波がもつれ合って逆巻き、渦巻いたまま、垂直に立ち昇り、重く垂れこめた雲とそのまま溶けあってしまった風景だけしか見ることのできなかった私には、それはまるで別世界を思わせた。私は初めて、米山《よねやま》を見ることができた。

「米山さんから雲が出た」と三界節にうたわれている雪の米山さんは、青空の下で、ひときわ陽に輝いて光っていた。「ようやく春の陽射しがおとずれました」との芳川さんの挨拶は、社、共、地区労の「市民会議」とは別に、まったく少数で始めた反対同盟の運動が、部落ごとに「守る会」を組織して予定地を包囲し、地盤の劣悪さを暴露し、労働組合を反対同盟のイニシアティヴのもとに結集させ、実力阻止闘争を構えている、運動の晴れ間をも象徴していたのである。自分の挨拶を、卒業式の紋切型の訓話として捉えて笑いとばすには、長い間の着実な活動と、それによって形成された精神が必要だったのだ。

この日、東電のボーリングコア倉庫、海象測量棟、観測小屋に対して、これらは、入会権《いりあい》を持つ住民の許可なく建てた不当建築物だから「撤去せよ」との看板を立て、通路に杭を打ち込んで車止めを作った。また、一号機建設予定地に「団結小屋」を建設するために、手に手に持って来たスコップやホウキで整地し、祝詞《のりと》を上げての「地鎮祭」も行なった。これが終ると部落の人たちが作って来たおにぎりを千人以上の参加者全員が分けて食べあった。集会は、〝セレモニー〟という意味ではなく、原発を阻止するための楽しいお祭りでもあったのだ。

霊験あらたかな「平和利用攻勢」と札束攻勢

東京電力による柏崎原発予定地は、いまはすっかり地に堕《お》ちてしまった田中角栄の後援会「越山会」の拠点地域に設定されている。ここは柏崎市街地と目と鼻の間の砂丘地帯だが、自衛隊が誘致されるとか、農業振興地にするとかの噂があったあと、いつの間にか、越山会幹部でもある、木村博保刈羽村村長によって買い占められ、その後、悪名高い田中ファミリー、室町産業に転売《ころが》され、「錯誤抹消」という離れ技でまた木村氏名義になったりした、いわくつきの土地である。原発の話が出だしたのは、六七年当時からだったが、東電が正式発表したのは、それより二年後の六九年九月のことであった。

この頃はまず、原子力の「平和利用」の宣伝がたくみになされた。たとえば、いま反対同盟のメンバーで活動している武本和幸さんのじいさん、いさんなども、さかんに、原子力といえば、みんな広島、長崎しかいわないが、原発と原爆はちがう、放射能による突然変異はいいもので、稲作にも、ニシキゴイの品質改良にも役立つもんだ、と誰かの受け売りをするのが常だった。

刈羽村村議会の原発対策特別委員会の委員長などは、酒も一日に一升も呑めば身体に悪いが、一合ずつならむしろ身体にいい、放射能もそれと同じだ、などと力説していたものだった。霊験あらたかな「平和利用攻勢」と同時に、あらゆる開発がそうであるように、札束攻勢もまた、もうひとつの有力な武器だった。これは、直接、地主たちばかりでなく、「周辺住民」のすべてを対象にしていた。市長が会長になっている、柏崎刈羽原子力発電所誘致対策協議会は、各戸に配ったパンフレットでこう宣伝している。

この地域に原子力発電所ができることによってどういう利益があるのですか……。

東京電力の計画では、第一期計画として百万キロワット四基、二期計画として二基ないし四基、建設資金五千六百億円、送電線二百億円ということですが、このような大規模な設備投資がなされますと、地域の発展が促進されます。建設期間は一基四年か五年位かかり平均毎日三千人位の人達が働くことになります。運転に入ると一基約百二十人位の従業員が必要です。従って地元で働ける場所や機会が多くなります。そしてそれらの人の必需物資は、勿論、建設資材なども一部地元調達されますので、人と物の流れが活発となり地

域の発展につながります。大規模投資による税収の増大、観光開発等地域の産業振興に大いに役立つものであります。

これればかりではまだダメ押しがきかないので、さらに国会では、電源開発三法（電源開発促進税法、電源開発促進対策特別会計法、発電用施設周辺地域整備法）を通過させ、「平年度化すると約三百億円」（『原子力ニュース』第二十九号、柏崎刈羽原子力発電所対策協議会発行）もの金をバラまくことに決めた。青森県の東京電力、東北電力による下北原発予定地でも、すでに、「住民対策費」として二億円もの、理由のない金を撒きちらして反対運動を切り崩そうとしている。

「原発の危険を知っているものは、知ったことを発言しなければならない」

これを出発点として発足した柏崎原発反対同盟は、それより少し前に組織されていた「荒浜を守る会」「宮川を守る会」と結合し、予定地周辺の十一地域に「守る会」の組織を拡げながら、毎日のようにビラを入れ、学習会、講演会、集会、デモを組織し、部落の執行機関を反対派の手中に奪い、「一日県庁」を阻止するなどの実力闘争を構築して来た。

私は、この五年間、闘い続け、戦線を拡大し得たのは、二十代前半の青年たちが、毎日集まっては、具体的課題とその戦術を討論し、あらゆる攻撃に、眼こぼしすることなく対応して来たからだと思う。行動方針は、政党にも、労組の手にも委ねることなく、すべて十数人の反対同盟によって決定されて来た。地元で育ち、中央を志向することなく、ここで生活して来た青年たちが、自分の手足だけを頼りに運動の環《わ》を拡大して来たのである。それはともすれば、活動家集団の反対同盟が動きすぎることによって、大衆組織である守る会独自の力を引き出すことが、いくぶん後手に回ったといえるかもしれないが……。

ベトナムと柏崎

これらの日常活動は、「電調審阻止」にむけて続けられて来た。が、昨年七月四日の、東京での実力阻止闘争は、大量動員によって坐り込んだにもかかわらず、機動隊によって排除され、第一号炉建設は、四九年度電源開発基本計画に組み入れられることになったのである。たしかに、首相を会長とし、経企庁の密室を舞台に、機動隊の壁でガードされた電調審の認可は、実力で阻止することはできなかった。しかし、それにもかかわらず、なぜ、いまも柏崎原発反対闘争は、それ以前よりもなおかつ、自信をもって闘い続けられているのであろうか。

私は、これは、「地方」に進出しようとする根無し草としての東京（電力）文化が、地方に根を張った文化（生活）に絡みとられ、蚕食されて行くからだ、と考えている。ちょうど、ベトナムの密林と湿地にひたり込んで、殲滅《せんめつ》させられたアメリカ帝国軍隊のように。

東京電力は莫大な金をバラまき、地方自治体を手中に入れ、その権力と機能をフルに使い、かつまた地方有力者たちを買収して、建設の地固めをして来た。しかし、数人の青年たちで始められた反対同盟の運動は、まず、村々を走り回り、ひとりひとり話し合い、越山会の組織を切り崩しながら、まったく新しくものを創り出していった。まず、それまでの町内会とはちがった形態の「生活を守る会」を組織し、住民投票によって、荒浜、宮川、刈羽村などでの反対決議をとりつけた。また、「近代的」な契約概念では捉え切れない、共同生活の慣行権を明白にさせた。

東電が「買収」した、と主張している用地内には、漁業にともなう作業や塩たきや砂利採取や寄木《よりぎ》（流木）集めなど、先祖代々使って来た入会慣行権を持つ共有地が入っているし、この他にも用地内には、里道（認定外の生活道路）が無数に走っているのである。

そこでは、たしかに、買収は「完了」したとしても、金では買収しきれないひとびとの古くから形成して来た文化と生活が、そのまま存続しているのだ。

「当地用地内は作業中につき関係者以外の立ち入りを禁じます」と東電は高札を掲げている。しかし、そこは、ついさいきんまで、刈羽、荒浜の人たちが、冬のたきぎ拾いのために自由に出入りし、砂丘地を覆う松林をくぐって、枯枝や松葉を集めていたところなのだ。きのこも自由に採れた。そこは「みんなの山」だったのだ。地主もまた、一定期間、自分の家のために拾おうとする時にだけ拾ってもらっては困るサインとしてワラを撒いておく。すると、村の人たちは、その場所の枯枝は拾わない。

そんなしきたりが長い間かけて形成されていたところなのだ。海もまたそうである。たしかに漁業権を持つ漁師たちの団体である漁協は、補償金ほしさに買収に応じた。しかし、地元の海は、地元住民が生活し、海水浴などによって家族で楽しむ場であり、これを利用する権利を消滅させることは何人にも許されるものではない。これら多くの人たちの固有の権利を、一片の文書である「契約」によって奪うことが、はたして本当にできるものなのであろうか。

そして、東京の学者たちが調査し、安全だと証明した、用地の地盤は、原発建設には耐えられないものであることが、住民たちの調査によって、完膚なきまでに暴露されたのである。

それをなし遂げたのは、新潟大学農学部を卒業して、地元の測量事務所で働いている青年と、高校の教師である。これをみても、中央の文化が、地元に定着した文化に撃退されつつあることを如実に知ることができる。それはまた、運動が形成して来た新しい文化、ともいえるものなのである。

「トウフの上の原発」

七四年七月四日、機動隊に護《まも》られて強行された電調審は、柏崎原発第一号炉の建設を承認した。政府の「石油不足」宣伝から、原発建設へのゴリ押しは急速に進められ出したが、日本最古の油田地帯の上に建設を計画されていた柏崎原発の地盤問題は、このあとから揺れに揺れ続けて来たのである。

反対同盟は、この以前から、「トウフの上の原発」と主張して来ていた。それに符合するように、きわめて奇妙な動きがあった。肝心の炉心位置は、点々と移動し、さまよい続けていたのである。当初、計画されていた（六八年、通産省立地調査）炉心位置は、敷地中央部の、砂丘に囲まれた窪地だった。これは、各周辺集落から、距離的にも、地形的にも隔離されていて、その計画の範囲の枠内においては、まず〝妥当〟な位置ともいえるものだった。ところが、七〇年になって、それは左右二ヵ所に分離されて海岸線にせり出し、七二年にはなお、南北の方向に傾き、七四年四月段階では、海にむかって右側の地点の計画地が消え、柏崎市街地に近い（世帯数七百戸の荒浜地区から七百メートル）地点に、百十万キロワットと日本最大の超大型原発が建設されることになったのである。

反対同盟では、六九年当時、柏崎・刈羽総合開発促進協議会（促進協）が実施した地質調査資料があることを知り、市議会で市長を追及し、公開させて検討した結果、基盤層内に亀裂が無数に存在していること、炉心建設予定地点に、「破砕帯あり」と警告され、「コア（サンプル）採取困難」なほど地質が乱れていること、地層も三十〜四十度の傾きを持っていることなどが発見された。

この地域は、地震観測強化地域に指定されており、また全国一の地すべり多発県でもある。それに油田地帯でもあるので、地質調査に関する論文もまた豊富なところだったのである。反対同盟では、これらの論文を集めて精読し、促進協の調査報告書を再読し、その結果出て来た疑問点を東電側にぶっつけて追いつめ、市、県、国の議会を使ってさらに新しい資料を出させる運動を進めた結果、つぎのような事実が明らかになったのである。

まず、最初にはっきりしてしまったのは、学者の研究の頼りなさ、ということだった。反対同盟では、最初、資料を入手したものの、どこからどう手をつけていいのかわからなかった。メンバーの中で、土木工事の仕事をしていて、比較的地質に関係がある武本さんがまず、地元の地学研究家に相談した。

ところがその人は、層序学が専門であり、地盤の問題はわからない、といわれて彼は、母校の新潟大学の応用地質学の先生のところに足を運んだ。が、その先生の専門は「石」だったのである。そこで問題にされている西山層は岩石よりも、むしろ泥岩であり、「土」であるから研究対象外だといわれた。それで、「土」の研究家である土質工学の先生のところをたずねると、そこでは、これは「土」ではなく、「軟岩」であり、研究対象外であると答えた。それでは、どこへ行けばいいか、とたずねると、その本格的な研究者は日本にはいない、と宣告されたそうである。

学問は、専門化し細分化されてしまい、ほとんどが「研究対象外」になっている。生活の場でいざという時には、まったく応用がきかなくなってしまったのだ。これを利用できるのは、自分の利益のために、投資してその見返りとして使う国家と企業だけなのだ。真の意味で、細分化された研究を、もう一度、本来の人民のために総合するのは、人民の生活の場からの発想を必要とする住民運動だけなのである。学問は運動によってだけ再生される、ということが、この柏崎原発闘争によってでも証明されているのである。

危険な断層

さて、さまざまな資料の断片を組みたててはっきりしたのは、まず、敷地内地盤は、軽く（単位体積重量が小さい）、水をたっぷり含み（含水比が異常に高い）、もろい（一軸圧縮強度が異常に小さい）ということだった。地耐力はまったく弱いのである。

東電は、用地内に分布する古砂丘（番神砂丘）の形成年代を十五万〜二十万年前、その下に在る軟質泥岩の安田層を二十万〜三十万年前と発表していた。ところが、これは実際よりもヒトケタ多い数字なのである。つまり形成年代を意識的に古く書き替えて発表していたのだった。というのも、古い年代層であればあるほど地盤は安定しているのだが、二万〜三万年ほど前の安田層では、褶曲、断層があって、地震の不安があるからである。

事実、その後の調査によっても、敷地内には、古砂丘や、安田層を切る断層が発見されているし、これらは、今後も活動する断層、活断層なのである。そして、ついに炉心の南側百五十メートルの地盤に、大断層（真殿坂断層）があることまでもほぼ明らかになった。それに、この辺一帯は、羽越活褶曲地帯の中にあって、いまでも地殻変動が続き、微小地震と山鳴りが頻発している要注意地帯なのである。

東京電力は、地盤の形成年代を書き替え、ボーリング調査の結果の都合の悪い数値は伏せ、一部の数値だけを発表して、デタラメ電調審をくぐり抜けた。そして認可されたあとになって、こんどは勝手に、原子炉基礎地盤を二十メートルも下げたマイナス四十メートルの半地下式原発にする、と発表している。いまや電調審認可事項さえ投げ捨て、ただしゃにむに建設してしまおうとしているのである。

彼らはおそらく、耐用年数がせいぜい二十~三十年しかない原発の運転期間中に、地震や事

荒浜海岸に建つ「原発反対荒浜を守る会」の小屋（新潟県柏崎市。1974年７月）

ボーリング調査のデータを東電が書き替えていたという疑いが出たため、反対派は地質学者や国会議員を招請し、地盤の再調査を実施。その結果、多くの活断層が発見された（柏崎刈羽原発予定地。1977年５月）

故に遭わないことだけを神頼みしているのであろう。もし、いったん地震に遭えば、パイプだらけの原発からは、天文学的数字の放射能が飛び出し、全地域を無人地帯にしてしまうのである。柏崎原発は、そのような危険性と非科学的、非人間的な地盤の上に立脚しているのだ。その根源には資本と人間の間の越えがたい断層が横たわっているのだ。

アメリカの原子力委員会では活断層の地表位置から約四百メートル以内には、いかなる施設も設置してはならない、と規定している。サンフランシスコ近郊に建設予定されていた、パシフィック・ガス・アンド・エレクトリック社の原発は、断層の発見によってついに断念させられた。当時の社長はこう声明した。

「公衆の安全について何らかの本質的な疑問をかかえたまま、発電所の建設を希望するのは我々で最後にしたい」

それにもかかわらず、東電の社長は、あたかも、神を恐れぬ者のように三月二十日、第一号炉の設置許可を三木総理大臣に申請した。あとは、形式的な「公聴会」と「安全」審査がなされるだけなのである。

「奉天命誅国賊」

三月九日、早朝から開催された、原発「予定地」内での抗議集会の場で、私は、荒浜青共のメンバーと会うことができた。荒浜青年共闘委員会は、周辺地域で、まず最初に「守る会」を結成させた青年たちで組織されている。六七年当時、部落内は原発賛成一色で、彼ら反対派は、昼は公然と動き回ることはできなかったものだった、という。私は彼らのヘルメットに書き込まれていた「奉天命誅国賊」の六文字のいわれを知らなかった。奇異な感じで眼にとめたきり、そのまま見すごしてしまったのである。

その夜、私は芳川さんたちと雑談し、柏崎地区には、農民運動の歴史もなく、全国的に有名になった木崎争議のような、激烈な小作争議とも、まったくかかわり合うことなく過して来たことを知ることができた。原発反対闘争のような、反権力闘争は、生田万《よろず》の乱以来、実に百四十年ぶりの反乱なのだそうである。

「その時、うしろを振り返ってみたら、誰もついて来ていなかったそうだ」

それは、この地方で、連綿と語り続けられて来た、敗北の総括でもあろう。たしかに命を賭けて闘ったものはいた。しかし、大衆は動かなかった。この狭間で大衆闘争は闘われねばならない。大塩平八郎の乱に影響をうけた、上州館林の浪人生田万など六人の志士たちは、米価高騰に呻吟するひとびとの惨状をみかねて柏崎陣屋に乱入強訴した。

そのほとんどはその場で討死となったのが、生田万の乱であるが、彼らに従ったのが、荒浜村百姓彦三郎である。彼がその時、掲げ持った旗指物に、「奉天命誅国賊」の六文字が墨痕鮮やかにしるされていたのだった。

天保年間（一八三〇－四四）の凶作は、同七年の大凶作によってさらに深刻化し、農民たちは年貢を払い切れず、百姓一揆は全国的にもピークに達していた。積年の飢饉によって、柏崎地方でも餓死する窮民が続出し、子供を川に流して糊口を減らすものも出ていた。ところが、当時の代官は、米商の賄賂によって津留《つどめ》（他領への米の出荷禁止）を解いたために、ことさら少ない米は領外へと流れ出て、米価はさらに急騰したのだった。平田篤胤《あつたね》の門下生として高名だった生田万は、その九ヵ月ほど前に、館林から柏崎に招かれて国学の塾を営んでいたが、周辺農家、町民の惨状をみかねて決起し、まず、荒浜村の豪商を襲い、その足で柏崎陣屋の門に火を放って斬り込んだのだった。

彼の同志は、尾張や水戸の浪人、あるいは新発田《しばた》藩の名主たちで、柏崎陣屋領内の人民に呼びかけることもなく、その参加もないうちに、決起したのだった。

しかし、「乱後、米の小売値が下がり、藩の窮民救済策が積極的となった」（『柏崎編年史』）とあるから、この行動はまったく無に帰したわけではなかった。ただ住民を組織する視点に欠けていただけのことである。

柏崎原発反対同盟は、少人数の活動家集団である。彼らはこの地域で生まれ育ち、市内の測量事務所や印刷所や町工場などで働いている青年たちである。売る土地もなく、手放す漁業権も持っていなかった。東電にからめとられるものは、何も持っていなかった。ただ、原発に対する不安から集まり、仕事が終ったあとでビラやポスターを作り、部落の中を手わけして歩き続けて来た。東電に対置するものは、「どう生きるか」ということだけだった。

東電や村や市や県や国の、どんなささいな動きにも対応した。それを暴露するビラを作り、集会を開き抗議に出かけた。この地域は越山会の牙城であるから、行動は細心さと慎重さを必要とした。が、いったん行動する時は実力闘争となった。各地域に守る会を作り、その点を結んで守る会連合の線として原発予定地を包囲し得たのである。

全国の反原発運動の高みに

これらの運動によって、前にも述べたように、東電や市が独占していた調査資料を引き出し、縦割りになっていた「学問」を、生活の場から総合して、原発予定地は劣悪なものであり、しかも断層地帯であることを論証したのだった。これまで、市はこういい逃れて来ていた。「われわれは素人である。あなた方も素人である。

だから専門家の意見をききましょう」。が、われわれは素人でない。当事者なのだ、と開き直ることによって、学問を自分たちの手に取り返す契機を作り得たのである。あれほどまでに原発誘致を進めて来た市長も、いまは沈黙を守らざるを得なくなってしまった。

原発をめぐる状況も変わって来た。分析化研の調査のインチキが暴露されて、原子力の安全神話が揺らいだ。それに原子力船「むつ」の放射線もれも、いっそう疑惑を強めた。原発労働者の被曝量が上昇していることが、電労連資料によっても明らかになった。

再処理工場の最終的廃棄物の処理の問題も未解決だし、温排水の影響もさらに深刻化している。「許容量」以下とされて来た微量放射線による突然変異の研究も進んできて、人体への危険性はさらにはっきりした。

原料であるウランも高騰し、操業の効率性も宣伝通りのものでないことも知られて来た。今年に入って、アメリカの沸騰水型原子炉は、配管のヒビ割れが発見されて全面停止し、それを使っている日本の原発も、いま軒並み運転を停止している。原発信仰は足元から総崩れとなっているのである。

が、東電は、柏崎原発をなお捨てていない。形式だけの「安全審査」と「公聴会」を国に強行させようとしている。それにつれて、反対同盟の運動も、質的な強化が要請されている。守る会運動をどう闘争力とするか。実力闘争を担い切る質をどう高めるか。もう一度、初心に還《かえ》ったところから、運動を見直そうとしているのである。

田中角栄の野望と東電の用地難とが結びつくことによって開始された柏崎原発建設の策動は、反対同盟の運動によって縦断され、その断層を露呈させた。いま地盤の劣悪さの暴露からその上に立つ本体である原子炉そのものの欠陥までさらけ出しつつある。原発問題の総矛盾を、いま運動の高みに達した柏崎の地に引きつけ、徹底的に粉砕させるところまで来ている。デリケートなマンモス原発を、柏崎で叩きのめす状況が作り出されつつある。原発はすでに過去の遺物なのだ。

柏崎原発反対同盟と柏崎・刈羽原発反対守る会連合は、当面の闘いの目標をこのように確認している。

一、先祖伝来の共有財産である荒浜村有地、里道、そしてみんなの海を原発阻止闘争の拠点とし、さらに活用していく。

二、原発一号炉の建設を阻止するために、第二団結小屋（青山側）の建設をおし進める。

三、荒浜住民の意志を無視して、村有地を東電に貸し与えている小林市長を追及し、村有地を荒浜住民の手に取りもどす。

四、関連工事の推進を実力で阻止する。

五、いかさま電調審の責任を追及し、認可を撤回させ、安全審査申請の策動を阻止する。

六、まやかし公聴会の開催を実力で阻止し、住民主権の公聴会を開かせる。

柏崎原発反対闘争は新たな段階に入った。

住民の間での原発反対の機運は、いまさらに高まっている。市と県は、「危険性」については、判断停止し、責任を国に押しつけ、それでもなおかつ、東電は、威信にかけても強行突破しようとしている。

「奉天命誅国賊」。荒浜と柏崎を結んで闘われた生田万の乱の精神は反対同盟の中に受けつがれ、その少数者としての運動の失敗は、住民組織の強化によって乗り越えられつつある。原子力の平和利用については、『原発の恐怖』（アグネ刊）の題辞がきわめて示唆的である。

原子力の破壊的な面は
あまりにもいたましすぎて
善意ある人々が
平和利用という肯定面を
確立しようと考えるのも
一理あるように思われる

アルビン・ワインバーグ

第６章

原発廃止アクション

「さようなら原発」集会場（東京・明治公園）
参加者で埋めつくされる（2011年９月）

原発と報道——その悲しい関係

心ある新聞記者たちは、3・11大震災からはじまった福島原発事故報道で、自分たちは大きな過ちを犯したのではないか、という後悔の感情にとらわれている。

というのも、わたしは何人かの記者から、「自分は大本営発表に頼っていたんではないか」「大本営発表に加わったんではないか」という内省の声を聞いたからだ。

「大本営発表」とは、アジア・太平洋戦争（第二次大戦）のときの、天皇直属の最高戦争指導部のことを指す。

このとき、この指導部は、中国大陸や太平洋諸島での戦闘に負けていながらも、「勝った」「勝った」と発表し、壊滅的打撃を受けても「被害は軽微」と言い繕っていた。

戦線からの退却を「転進」と言い換え、圧倒的な米軍の兵力に沖縄全土を占領されても、「本土決戦」で勝つ、とうそぶいた。さらに敗戦になっても「終戦」といい、それを新聞やラジオがそのまま報道して、国民を欺いてきた。

1945年8月、日本の戦争は敗戦に終わり、「大本営」はなくなったが、日本のジャーナリズムは、政府と官庁と財界の発表を報道の中心に据えているので、「発表ジャーナリズム」

ともいわれている。

政府は戦後になってもウソを発表してきたが、それらは揶揄《やゆ》をこめて、「大本営発表」といわれている。悪名高い「記者クラブ」と権力との癒着がその基盤である。

今回の原発の大爆発事故のあと、政府の発表は戦時中の「大本営発表」とおなじウソの発表だった。事故は人間の命と健康とにかかわる重大事態だったが、政府は「安全です」「ただちに健康に被害はありません」と発表した。それはパニックを防ぐため、と恩着せがましくいわれ、新聞もそれに同調してウソを書いた。

たとえば、地震発生は3月11日14時46分だった。その2時間後、政府は「原子力緊急事態宣言」を発したのだが、なぜか「註」が付いていた。

「現在のところ、放射性物質による施設の外部への影響は確認されていません。したがって、対象地区内の居住者、滞在者は現時点では直ちに特別の行動を起こす必要はありません。あわてて避難を始めることなく、それぞれの自宅や現在の居場所で待機し、防災行政無線、テレビ、ラジオ等で最新の情報を得るようにして下さい」

そのあと、さらに強調している。

「繰り返しますが、放射能が現に施設の外に漏れている状態ではありません。落ち着いて情報を得るようにお願いいたします」

原発から3キロ以内の住民に避難指示が出されたのは、地震発生から7時間たってからだった。それも「念のための避難指示」というもので、3キロから10キロ以内の住民は、「屋内待機」の指示だった。

翌朝の「朝日新聞」には、「原子炉には損傷なし」との見出しで、つぎのような記事が掲載されている。

「原子力発電所は万一の事故でも、原子炉を止めて冷やし、放射性物質を閉じ込めることにより安全を保つように設計されている。今回の地震では、心臓部の原子炉に損傷が見つかっておらず放射能漏れは認められていない。この点で、とりあえず揺れに対して止めて閉じ込めることはできたとみられている」(2011年3月12日、朝刊)

ところが、このとき第一原発6基のうち、1号炉と2号炉で、「全交流電源喪失」という非常事態になっていて、外部からの電源はなくなり、緊急炉心冷却装置(ECCS)が停止、炉心溶解に向かっていた。

その日の午後3時には、格納容器の気圧が急上昇したため、ガスを放出させるための「ベント」がおこなわれた。大量の放射能が環境に排出され、汚染がすすんだ。政府の発表通りに書いた記者の呑気さは、批判されるべきだ。

日本在住の国民に首都圏から離れるよういちはやく勧告したのは、フランス大使館だった(13日)。15日には、脱出用の航空便を手配した。17日になって、米国が80キロ圏内にいる国民に避難勧告を出した。

オーストラリア、ニュージーランド、韓国、カナダなどもそれに従った。日本政府が20から30キロ圏内の住民に「自主避難」をすすめたのは、25日になってからだった。避難勧告すると、国が生活を補償しなければならないからだ。マスコミも危機をつたえることがなく、被曝がすすんだ。

戦争中の大本営発表は、戦場に従軍記者がいなかったから成立した。軍部の発表を書くしかなかったからだ。そうはいっても、従軍記者がいた戦場もあったが、軍部の検閲があったから、負け戦は書けなかった。それよりも、記者たちは勝利を願っていたから、負け戦には目をつぶっていた。いま、福島原発事故の現場は立ち入り禁止になって、記者は入れない。だから内部の実態はわからない。そればかりか、新聞社は電力会社と政府広報予算から膨大な広告費をもらってきたから、原発に批判的な記事を書くことはなかった。

原発を批判的に見られる記者が育っていなかったから、原発事故が発生しても、それにたいして無知だった。日本列島の電力網は、九電力によって分割されている。北海道、東北、関東、関西、北陸、中部、中国、四国、九州の広大なマーケットが、それぞれ一社によって独占されているのだから、地域の中でも地域の外でも無競争である。無競争でも広告費だけは、たとえば東京電力の場合、２００８年で２１０億円にものぼる。それは商品の優秀さを誇る宣伝ではなくて、原発体制を維持するための、マスコミと学者とタレント、作家・評論家を買収する資金である。

ある著名なスポーツ評論家は、新聞紙上で対談するだけで、東京電力から500万円支払うといわれた、という。「余りにも高すぎる」といって断った、と「東京新聞」で告白した。

いま、関東地域をカバーしている「東京新聞」は、「脱原発」の最先端を走っている。このため、あまりにも電力会社に無批判だった「朝日新聞」（朝日ばかりではないが、朝日の読者に原発批判者が多かった）に見切りをつけ、購読契約を「東京新聞」に替える読者がふえている（日本の新聞購読は宅配制度が大きい）。

地域独占によって巨大な利益をあげてきた電力会社は、宣伝費による買収のほかに、原発立地地域の自治体に巨大なプレゼントをしてきた。たとえば、東京電力の年間の寄付金は、20億円である。これは地方自治体へ支給されることが多い。

たとえば、第二原発4基を建設するために福島県へ160億円のサッカー場を寄付した。核廃棄物の中間貯蔵所を建設するために、青森県むつ市へ、市庁舎の購入資金として、16億円を寄付した。それらは地域の市場を独占し、電力料金を高く設定し、国にも認めさせている超過利潤である。このほか、原発立地をすすめるため、政府は原発をうけいれた地域へ、7年間で500億円もの交付金を支給する。「国策民営」（国家資金を出して建設させる）というのが、日本の核政策である。

これらの不正を、新聞、テレビが追及することはなかった。テレビで出演者が原発を批判することなどあり得なかったし、新聞も批判者の発言を掲載しなかった。原発批判ができるのは、部数の少ない雑誌か単行本だけだった。

わたしは用地買収の強引さ、漁業権放棄の不正、常識外の寄付、政府交付金の過剰、地方自治体の買収など、「原発は民主主義の対極にある」と30年以上前から書きつづけてきた。が、それらの事実を新聞が書いたのは、福島原発の事故が発生したあとになってからだった。

原発事故によって、ようやくメディアを覆っていたカネの蓋が破られた。事故によって原発の醜悪な内部をはじめてみることができたのだ。不幸なことにも、膨大な放射能汚染と引き換えにして。

「さようなら原発集会」が2011年9月19日に東京・明治公園で（二六五ページなどで詳述）、2012年7月16日には東京・代々木公園で17万人もの人びとを集めて開催された。その間に、全国各地でさまざまな集会やデモがおこなわれ、わたしもその多くに参加した。また、2012年3月末から毎週金曜日夕方、首相官邸付近、国会議事堂周辺で原発再稼働に反対する抗議行動が催され、全国各地の街頭に広がっている。

ところが「東京新聞」を除き、ほとんどのマスコミは、これらの模様をまともに報道せず、黙殺か、小さく紹介するだけだった。それに憤激した広瀬隆さんとわたしなどが、独自にヘリを飛ばす「正しい報道ヘリの会」を実現して、空撮写真をインターネットテレビなどに流し、市民団体がカバーすることによって、ようやく報道が達成されるようになった。

〈一九七七年〉「黄金バット」はどこに

～対決書評『核燃料』vs『ガラスの檻の中で』から～

一九七〇年代、気鋭の科学記者として朝日新聞紙上において「原発肯定論」を説き、『核燃料』（朝日新聞社）を著した大熊由紀子氏（現在、国際医療福祉大学大学院教授）。かたや、一貫して原発反対を唱え、『ガラスの檻の中で』（国際商業出版）を著した著者。一九七七年に対決書評（『週刊読書人』）が掲載され、三五年後の二〇一二年に対論（『朝日ジャーナル』）が掲載された。著者の書評、対論を再録する。

拝啓　朝日新聞科学部員大熊由紀子様

突然失礼いたします。いま大評判の御力作拝読いたしました。まだお目にかかったことはありませんが、御本を読んで、素直で、率直で、あまり人を疑ったりされないお人柄を充分に偲ぶことができました。そしてまた、国の将来を憂うるお気持ちの純なることもよく感取できました。つまりそれは、ひとことにしていえば、「国を守る気概を持て」ということでありましょう。

「原発推進派も、ともにアメリカ依存や舶来崇拝から脱却して、日本としての独自の道を探り、日本独自の判断と決断とをもつことが、いまもっとも必要なことではないだろうか」

これらの御高説のユニークなところは、反対派の論拠が、かつてよく批判されたように、ソ連・中国依存ということでなくて、アメリカの輸入物だ、ということでしょう。さらに御卓見で秀でているのは、青森での原子力船「むつ」反対運動は、「自民党主導型の住民運動」だとする一部の人びとの意見を大胆に取り入れていることにあります。対米従属、自民党に泳がされている、おそらくあなたとともにしていたであろう、わたしどもの若い頃の安保闘争のさなか、ある政党の方々は盛んにそんなことをいっていました。こんな条りを読んで、ついわたしは昔のことを思い出したりしたものでした。

「原発反対運動は、アメリカ企業の原子炉の売り込みと同じように、かなり成果を上げている」「反対論は直輸入」。こんな意見は、原発推進者の間での反対運動をコキ下ろす時の常套句です。それを何百万部の大朝日新聞を通じて、ご自分のご意見としてお書きになった勇気と率直さに、わたしはただ敬服しております。ジャーナリストの勇気とはそのようなものなのでしょう。ただ、それはこれまた有名な一九八四年グループや週刊新潮のかたがたのキマリ文句と、同じようにみえてしまうことだけが残念なことだと思います。

それにもうひとつ残念なことは反対運動家たちの経済的な利益についての論証が不足してい

ることです。このご本のテーマは、経済的な利益の追求にある、とわたしは推察しています。推進者たちの訴えでほとんどのページを埋めておられるのも、あなたの国を憂うるお気持、つまりは、感情的な反対論ではなく、科学的、経済的に、「核燃料を使うことの『利益』と『潜在的な危険性』とを、絶対論的にではなく、相対論的に考えてみることが、いまは大切なこと」だと思うことにあなたの論点の鋭さがあります。それは武谷三男氏の、「許容量は、利益と不利益とのバランスをはかる社会的な概念」とするテーゼにたいし、経済的概念を前面に出した画期的なアンチテーゼであります。

　このように、経済学的な発想を論理の中心に据えられるのなら反対運動の売り込みによる経済的な利益の分析が必要になります。反対運動はアメリカ、自民党の謀略とするスリリングなテーゼを私流に俗っぽく敷衍《ふえん》すると、あなたが名指しにしておられるタンプリンやゴフマンやネーダー氏などは、石炭資本のヒモツキ、ということになるのでしょうか。するとなにやら合点が行くような気がします。

　日本でも、例の児玉、小佐野などのきわめて近いところに、かつての石炭王がいたようですからね。石炭王たちも巻き返しを図っているのでしょう。愛読者としては、そこのところを、もう少し詳しく書いて頂ければよかったと思います。

　そういう意味では、むつ問題についても、もう少し思い切って書いて頂けた方がありがたかったような気がいたします。あそこでは、漁協幹部は自民党、県政の責任者は自民党、そこへ乗りこんできたのは自民党の大物、だから「自民党の住民運動」である、と書かれておりますが、そのような自民党を組合大会で突き上げ、吊し上げ、大恐慌を与えた漁民たちをあやつっていたのは、やっぱりアメリカだった、とはっきり書いて頂いた方が、より政治効果があったような気がいたします。

それにしても、あなたの大胆さに打たれるのは、「塩も砂糖も薬も手術も、身の周りのすべてのものが『絶対安全』ではないのである」とか、自動車も飛行機もダムも炭坑も危険である。原発だけを危険だというのはおかしい。文句をいう奴は勝手に凍死しろ、というような啖呵がポンポン出てくることです。わたしは読んでいて胸のすくような快感を覚えました。率直にいいますと、わたしはあなたは朝日の科学部員としてよりも論説委員の方がより活躍できるという気がしています。

漏れ承れば、このお仕事によって編集局長賞をお受けになったとか。見る人はちゃんと見ています。論説委員になられる日も近いのかもしれません。読み終わって、政治主張を懸命に盛りこんだ紙芝居を見ているような鮮烈な印象を受けました。ただ、時代も変わって、わたしたちの黄金バットは、もはや「庶民」たちの期待をになったものではなく、産業界のために、きょうもマントをひらひらさせながら闘っているのですね。そんな感慨にいま捉われています。

ではお元気で。　敬具

〈二〇一一年〉老いたカナリアから～35年ぶりの「原発」対論～

拝啓　大熊由紀子様

と書き出した手紙をお送りしたのは、いまから35年前でした。そのときはお名前のうえに、「朝日新聞科学部員」という肩書きをつけたものでしたが、そのあとの著書を拝見すると、「朝日新聞・女性初の論説委員」や大学教授、政府委員などを歴任されたご様子、慶賀に堪えません。

わたしたちは、たまたま同時期に原発推進と原発廃絶の本をだしたため、それを読んだ書評紙の編集者が、「対決書評」を企画したのでした。拙著へのあなたの批判は、「新手として登場した〝非科学〟」というタイトルによくあらわされていましたね。

「原子力の恐ろしさを心配することより、エネルギー不足の恐ろしさを心配することのほうが、いまはずっと大切なのではないかと、私は思う。

私は、原子力施設を自分の足で歩き、自分の目で見て回った。原子力発電所は、鎌田さんの説くほど恐ろしいものではない」

福島第一原発爆発事故のあと、歯止めもない、目下進行中の放射線汚染の現実、さらに地震に襲われるかもしれない恐怖のなかにいるいま、35年前にあなたが書かれたものを引用して、鬼の首を取ったかのように言挙げしようとは思いません。現実ははるかに進んでしまったからです。

それにその後あなたは、福祉やボランティアなどの論攷《ろんこう》をお書きになって活躍されているご様子なので、昔のことで引きずり下ろすようなことはしたくはないのです。戦後になってにわかに盛んになった「戦争文学批判」のように（批判の必要を否定しているわけではありません）、検事然としてこまかく引用しながら叩くほど、もう若くはないのです。

戦争文学批判といえば、それでデビューした吉本隆明さんなども、技術系大学のご出身だけあって、「非科学」がお嫌いの方のようですね。彼は前から原発推進論者だったのですが、事故後もその主張を繰り返していて、「『反原発』で猿になる！」（「週刊新潮」新年特大号）などと言っています。

「ある技術があって、そのために損害がでたからといって廃止するのは、人間が進歩することによって文明を築いてきたという近代の考え方を否定するものです」

あなたがどうお考えなのかは、ここでは問いません。「犠牲があってもすすめ」、この意見は、日本を強引に原発社会に引きずりこんだ中曾根康弘元首相が、事故後も「日本民族は雄々しくすすめ」と朝日新聞のインタビューで語っていたのとおなじですね。わたしは、吉本さんを批判して、「前世紀的科学技術信仰の化石」と書きましたが、国家の前進のためには、少々の犠牲があっても、という中曾根さんたち、旧日本帝国軍幹部たちの考えは受け入れられません。

もちろん、身障者や老人に寄り添う福祉について書かれて活躍されている大熊さんが、「少数の犠牲」を容認されることなどありえないでしょう。しかし、いま、原発を再稼働させようと画策している、電力会社や官僚や原発メーカーやゼネコンや学者や地方自治体の首長や職員は、「エネルギー不足」で脅かしているのです。「原発がなくなったら、どうするんだ」という脅しは、あのころあなたも誘導され、依拠していた、「石油は30年後に枯渇」するといういいかたとおなじなのです。

大熊さん、あなたが朝日新聞の「石油に代わる核燃料」の大連載を執筆されていたとき、わたしはその記事の楽天ぶりに驚いて、友人の記者に「おまえの会社はなんだよ」と文句をいったことをよく覚えています。うるさ型の記者だった彼も、「うちはイエス・バットだからな」と諦めた表情で、口ごもったのでした。

そのころはもう、読売新聞を筆頭に、毎日新聞も朝日新聞も、原発に批判的な紙面はつくらなかったのです。でも地域の現場では、曲がりなりにも、原発反対運動の記事は出ていた、と記憶しています。あなたが35年前に書いた記事を引用して叩く、というようなことはしたくない、と書きましたが、議論上すこしはいいでしょう。

記者はトンネルの先のカナリアのように

「核燃料を使うことの『利益』と『潜在的な危険性』とを、絶対論的にでなく、相対論的に考えてみることが、いまは大切なことだと、わたしは思う」（大熊由紀子著『核燃料』１７５ページ）

いま、原発護持派の最後のよりどころは、政府の原発輸出政策にもあらわれているように、「経済的メリット論」です。地域の首長もこの経済効果論にしがみついています。原発地域を植民地的なモノカルチャーにしたのは、自民党の利益誘導政策でした。ここで地域の将来をキチンと考えようとする真摯さが奪われ、かぎりない依存がはじまったのです。

「起こるかどうかわからない、『潜在的な危険性』を唱えて、絶対反対などという野暮ではなく、与えられる『利益』を考えなさい」

というような意見は、過疎に悩む地方自治体の首長に浸透しやすい論理だった。彼らは「絶対安全」という政府や裁判所の判断を錦の御旗にして、自分でものを考えないようにしていました。スリーマイル島の事故では、「経済開発の起爆剤」といわれていたほどでした。そのあと、「メリット」という言葉に換えられました。地方自治体の中央政府への従属関係は、電源三法交付金というヒモによっていました。それも7年で切れ、あとは電力会社の寄付金にタカる頽廃ぶりです。

原発推進派がよくする言い方は、自然界にすでに放射線がある、原発からでる放射線はそれとおなじていどだ、だから心配するな、というものでした。微量放射線は心配ない、という「非科学」的な態度でした。もう1カ所だけ引用しましょう。

「ほんとうに『絶対安全』なものしか許さないとしたら、わたしたちは、ダム、自動車、列車、薬をはじめ、すべての技術を拒否して、原始生活に戻らねばならなくなる。しかし、その原始生活には『飢え』や『凍死』や『疫病』という別の危険がつきまとう」（同175ページ）

吉本隆明さんの言説が、「週刊新潮」の編集者によって、「『反原発』で猿になる！」との見出しをつけられているのですから、無惨です。

大熊さんの拙著批判とならんで掲載されたわたしの文章のタイトルは、「『黄金バット』はどこに」というものでした。いまは「黄金バット」といっても、若いひとたちにはほとんど知られていませんが、手塚治虫さんの「鉄腕アトム」のように空を飛ぶ正義の味方です。アトムやウランちゃんは、小型の原子炉を内蔵していて空を飛びまわるのですが、加太こうじさんらが創作した紙芝居のヒーロー「黄金バット」は、文字通りコウモリの化身ですから、マントを羽のようにひらひらさせて飛ぶ、アナログ派でした。わたしはあなたの『核燃料』を拝読して、失礼ながらこの紙芝居を思い起こしました。時代も変わって、紙芝居のヒーロー、正義の味方「黄金バット」が、庶民のためではなく、国策や産業界のために活躍している不遇を思ったのです。それは、新聞記者は正義のためにはたらく、という単純な記者信仰があったためのようです。

自分の著書についていうのもなんですが、『ガラスの檻の中で』は、「原発・コンピューターの見えざる支配」とのサブタイトルで、いま「共通番号制度」という名で息を吹き返そうとしている「国民総背番号制」と原発の管理社会を批判したものでした。原発批判としては、労働者の被曝と子どもや生物への影響を書いたものですが、原発労働と被曝によるがんや白血病患者については、まだ因果関係が立証されなかった（いまでもまだ被曝を労災として認定されたひとは、十数人しかいない）時代の話でした。ですから、「噂にすぎない」とあなたから批判されています。

しかし、わたしは証明されなくとも、著者がその噂を信じられる、と判断できるなら、それは書くべきだ、と考えております。そうしなければ、労災や職業病や事故について書くことはできないのです。書くことによって、行政がサボらず、真面目に調査することもあります。

原発は、あなたもよくご存じのはずですが、「自主、民主、公開」の三原則などどこ吹く風、秘密主義に覆われています。立証する資料は、むこうにあってこっちにはないことが多いのです。記者はトンネルの先のカナリアのように、ひとより先にすすみ、ガスを嗅ぎ分けなければならない、と思うのです。話が黄金バットからカナリアに急転換して、あなたも混乱するでしょうが。

わたしがいいたいのは、「客観報道」の陥穽《かんせい》です。証拠があるか、データがあるか、といわれても、それを獲得するのは大変でして、なければ書けない、という制約があります。それで結局、事実が表にでない、ということが多かったはずです。

わたしは、わかった範囲内で、断片でも書く、という考えでやってきました。大新聞の記者にはできないことでしょう。それが一介のライターの限界でもあるし、抵抗でもあります。あなたが指摘している数字の読み方のまちがいもあったかもしれません。

しかし、資料への依存はかぎりなく権力にからめとられます。最近になって批判が強まっている「記者クラブ制度」がそうですが、与えられた資料の世界は、権力側の世界でもあるはずです。彼らは都合の悪い資料は出さないからです。

「汚い物」を洗浄、除染したテレビや新聞

『ガラスの檻の中で』で、強調したかったのは、被曝労働者の問題と同時に、日本が原発大国になっていくはじまりの謎でした。わたしは「科学の不思議さ、というよりも、政治の不思議さ」を書きたかった、と言っています。原発をめぐる陰謀に関心があった。それがこの本のテーマで、つぎのような記事を引用しています(二三七ページ)。

「広島や長崎の記憶も生々しい間に日本のような国に原子力発電所を建設することは悲さんな米国の殺生の記憶を一掃させる劇的でしかもキリスト教的なジェスチャーとなろう。また日本に米国の原子炉の一つを持って行くこともディエンビエンフーやジュネーヴで失われたものを

取りもどす上に大いに役立つだろう」（『日本経済新聞』１９５４年9月22日）

アメリカ原子力委員会のマレー委員の、米製鋼労働者組合の年次大会での演説でした。広島に原発を建設することも考えていたのだから、まるっきり植民者意識だったのです。

54年、アメリカ帰りの中曾根議員が、いきなり「原子力予算」をつけて、学者の頬を札束で張った、と豪語しました。イギリス製コールダーホール型炉から、米国製の原発に切り替えたのも、中曾根原子力委員長でした。

あなたの『核燃料』はお行儀がよくて、原発をめぐる「非科学的」なドロドロはいっさいでてきません。といって、ないものねだりをするわけではありませんが、わたしの原発史観は巨大な利益がからんでいた「汚い物」（原発）を、洗浄、除染したのがテレビや新聞だった、というものなのです。

わたしが記者にお願いしたいと考えていることは、自分の書いた記事がどのような役割を果たし、後世、どのように読まれるか、その歴史意識をつねに持ってほしい、というものです。正確でも、木ばかりみて森をみていなかった、としたなら、それは正しい記事といえるかどうか。

いま新聞は、権力側の情報を読者に伝える機関となりさがっていないか。「良識的」といわれながら、上からの目線でものごとを判断していないか。市民感覚に疎《うと》くなっていないか。

福島第一原発事故のあと、朝日新聞への批判が強まっています。「ソーシャルメディア」の

るでしょう。

時代に、このままでは取り残されていく。それが市民の目線を欠いたマスコミ共通の課題にな

相変わらずエリート的発想ですね〜大熊由紀子さんへ〜

福島第一原発事故のあと、35年前の御著『核燃料』が批判されるようになり、批判ばかりか心ない中傷も受けておられるとのことをうかがい、さぞかしご心労のことと拝察いたします。わたしは、あのときご本を読んで「素直で、率直で、あまり人を疑ったりされないお人柄」と書いたのでしたが、記者があまり素直では、「情報」源に騙される、という警戒心をいいたかったのです。

原発の研究をしていて、世間から評価されないひとに、あなたは同情していますが、原発ができたことによって、離散した家族、被曝した労働者、何世紀も廃棄物を抱えることになる住民たちがいるということは、そのころでも想像できたことでした。

「パネルが山手線の内側全部に要る」という太陽光発電批判など、相変わらずの発送電一元化のエリート的発想です。あなたのご専門の福祉は、さまざまな人たちの能力を尊重し、役立て、足りなさを相補う、相互扶助の思想によるものではないのでしょうか。

虚大・危険産業の落日

日本の原発54基のうち、52基がストップ、2基だけしか稼働していない。これは驚くべき事実である。

2012年3月7日現在、新潟県の柏崎刈羽6号炉、北海道泊3号炉の2基だけしか運転されていないのだが、そうかといってパニックが起きているわけではない。福島原発の被災者には申しわけないが、むしろ、原発立地地域の住民にとっては、心安らぐ日々であろう。

5月上旬には最後の泊原発が休止して、日本の原発は全面休止、1966年7月、日本原電の「東海原発」が運転開始（98年3月廃炉）して以来、実に46年ぶりに原発のない国になる。

政府と電力会社は、原発がなくてもなんにも困らない、という現実がたちあがるのを防ぐためにか、とにかく関西電力大飯《おおい》原発3、4号炉を稼働させようと躍起になっている。

つまり、電力会社の机上の安全計算にすぎない「ストレステスト」の結果をうけて、経産省の原子力安全・保安院が、「妥当」との評価を原子力委員会に提出した。

これまでも、原発の安全審査は「八百長」の定評があったが、こんどもまたそうである。二人の委員は、妥当という結論の審査書の提出は認められない、との声明を発表した。

さしもの原子力安全委員会の班目《まだらめ》委員長でさえ、「1次評価だけでは判断できない」と批判している。

原子力ムラの腐敗は目を覆うばかりで、もっとも危険な物質をあつかう検査機関が、業界や推進官庁に丸抱えなのだから、日本人は長いあいだ危険に曝されてきた。

わたしは、原発推進の通産省（現・経済産業省）が、内部に安全・保安院を抱えているのを、「ピッチャーとアンパイア」がおなじ人格、と批判してきたが、佐藤栄佐久前福島県知事は、「泥棒と警官がおなじ人間」と酷評している。

政府のエネルギー政策をつくる「新大綱策定会議委員」の3人に、原子力業界から研究費名目で大量のカネが流れている、と暴露した記事が世間を驚かせたが、それっきりである。

ストレステスト意見聴取会のメンバー3人も、原発マネーに汚染されている、と批判されているが、研究のためだ、と開き直っている。これまでも癒着が問題にされることはなかった。

アメリカのNRC（原子力規制委員会）では、委員と事業者が同席することすら禁じられているそうだが、日本では堂々として恥じることはない。日本人は恥を知る民族、といわれたりしたが、最近の学者の無恥蒙昧ははなはだしい。

日本の原発は、2012年5月で全面ストップになるが、闇雲に危険な再稼動に突進するか、重大な岐路になる。

原発がないと電力が不足する、という脅しは、最近は影を潜めた。政府でさえ電力不足になるとはいわない。夏場の暑さのピークと甲子園中継が過熱する一瞬くらいは不安だが、節電意識がたかまっているので、危機にはなりそうもない。

このままでは、海外へ工場が流出する、というのが新手の脅しだが、日本経団連のアンケートでも、電力需給対策としての「海外シフト」の効果は考えられていない。原発が稼働しなければ経済的に困る、というのは、電力会社や原発メーカー、学者や研究員だけだ。

が、これからは、運転停止から廃炉までの研究と事業化に転換すればいいだけである。自然エネルギーのマーケットはこれから拡大される。原発はあまりにもロスの大きな産業だった。

巨大核燃料サイクル基地。ウラン凝縮工場、高レベル使用済み核燃料貯蔵施設、使用済み核燃料再処理工場などの施設群（青森県六ヶ所村。2009年４月）

震災・原発とマスメディア～1000万人による反原発運動を～

大江健三郎さんや澤地久枝さんら憲法第一世代が呼びかけて「さようなら原発1000万人アクション」という運動が始まった。呼びかけ人のひとりである著者が、思いを語った。

6月（2011年）に記者会見を行い、「さようなら原発1000万人アクション」という運動を起こすことを呼びかけました。1000万人の署名を集めるほか、9月19日には明治公園で5万人による「さようなら原発集会」を開く予定です。

運動の呼びかけ人は内橋克人さん、大江健三郎さん、落合恵子さん、坂本龍一さん、澤地久枝さん、瀬戸内寂聴さん、辻井喬さん、鶴見俊輔さん、私の9人です。澤地さんは「気軽にできる1円カンパ運動をやろう」と意気込んでいますが、1円ずつだと集金の手間が大変なので実現は難しい。でも趣旨としては、そういった子どもでも参加できるような運動として、広げていきたいと考えています。子どもの生命の問題だからです。

変わりつつある原発をめぐる動き

原発をめぐる動きは、この間、明らかに変わりつつあると言えます。福島原発事故の約1ヵ月後に『週刊金曜日』が全国の原発所在地の知事にアンケートを送ったのですが、その時は態度保留という回答がほとんどでした。自治体は電源三法交付金と固定資産税という形で、原子力発電に関係する多額の金を受け取っています。たとえば資源エネルギー庁の試算だと、135万キロワットの原発1基を作った場合、稼働するまでの10年間で480億円、稼働後の10年間におよそ500億円が自治体にはいります。

ところが最近は首長の中でも、滋賀県の知事が「卒原発」を言い出すなどの動きが出始めました。自民党からも河野太郎議員らが脱原発の動きを見せ、小泉元首相までも後援会で、反対の立場を表明しました。原発を推進してきた学者の中にも自己批判を始めた人もいます。流れは大きく変わってきています。

この3ヵ月、メルトダウンは収束していないし、新聞やテレビに反対論者が登場するようになってきました。ただ、今後は原発産業側の巻き返しもあるでしょう。最新型の原子炉を1基建設する費用が4500億円と言われています。こんな商品は他にありません。他のどんな超高層ビルを造っても、ここまでの建設費はかかりません。東京スカイツリーですら総事業費650億円とされています。

原発建設は、重電機メーカーや関連会社、ゼネコンやその下請けまで含めて、巨大事業です。原発1基を作るとき、そこに投入される国家資金は35年間で2500億円にものぼるとされています。こんな手厚い国の援助は、他ではないですよ。私は「原発絶対体制」と呼んでいますが、日本経団連も電気事業連合会も、ゼネコン、官僚も方向を変えるという話はしていません。原発で利益を得ている政治家もいます。このように原発につぎ込まれる金はめちゃめちゃ巨額なので、なかなかやめられない構造です。

本当はこの体制を変えて、自然エネルギーの方に向けていけば、違った需要が生まれてきます。同じ金額になるかどうかはわかりませんが、政府の補助金もそちらへ向ければ良いわけだし、新しい商品を開発していけば良い。1ヵ所で大規模な工事をしなくても、コンパクトで分散した施設を何ヵ所にも作れば良いし、小さな需要を増やしていけば良いんですよ。そうすると、社会全体が暮らしやすい、柔らかな社会になると思います。

亀裂が生じた原発絶対体制

先ほどいった原発絶対体制は、中央集権的で政財界、裁判所を含めた体制で、これが崩れればかなり自由に発言できるようになります。今ようやくちょっと、その体制に亀裂が生じて、これまで「原発反対」と言ってこなかった人でも、「脱原発」と明言する人が増えてきました。『週刊現代』が行ったアンケート調査にも、その傾向は現れています。これまでは原発に反対するといっと、仕事を干されるという懸念があったのではないでしょうか。大マスコミでも脱原発の論調が出てきた。確かな変化が表れています。

私は50年代の中小企業の労働争議以来、日本あちこちの大衆運動に関わってきました。昔の運動は「社共・総評ブロック」というように、政党が仕切ってきたという歴史があります。他の人達は何もしなくても、組織で動員すればだいたいの頭数は揃い、日比谷野外音楽堂ぐらいは満杯になる。4000人ぐらいしか入れないのですが、それで満足してしまっていたところがありました。

戦前の強圧時代も戦後日本でも、大衆運動が地域から澎湃《ほうはい》としてわき起こる、ということはありませんでした。

60年安保闘争は例外的なケースで、59年秋から60年6月にかけて、どんどん運動が広がっていった時期がありました。左翼政党や労働組合だけではなく、そこには学生や市民も入って、例えば商店主が店を臨時休業とし、デモに加わるというような動きがありました。ですが、その後、様々な経緯で運動は分裂し、最終的に市民が横に並んで高揚していったという歴史がありません。総評（日本労働組合総評議会）は解体したし、社共は力がなくなって、大きな運動がなくなりました。労働者派遣法ができたのも、そういう歯止めがなくなったからでしょう。

ところが、今は大衆運動が成り立つ芽があります。原発事故以降、多くの人が不安感を抱いていて、何かの行動をしたいと思っています。これらの思いを形にして示す必要があります。

今の若い人達はツイッターやネットで連絡をとって集まってくる。政治関連でいうと、派遣労働関連の集会などから出てきた傾向ですね。4月以降、たびたび行われているデモや、6月11日に全国であった反原発集会・デモでもそうです。次第に新しい運動が始まってきました。この動きは、「年越し派遣村」などの流れも受け継いでいます。「派遣村」だって急に実現したのではなく、フリーターの組合や少数の組合など、個人加盟の組合の存在が基礎としてありました。それが拡大されて、「素人の乱」など、若い連中が現れたという新たな潮流です。日本の大衆運動の中での、新しい傾向です。従来の組織型運動とは違う枠組みで、前向きな風が吹いていると思います。

憲法第一世代から新しい世代までを

「さようなら原発1000万人アクション」呼びかけ人の澤地久枝さんや内橋克人さんは、敗戦時に中学生だった憲法第一世代です。その人達が「これだけは」という強い決意を抱いています。この世代から新しい世代までをネットワークでつなげていきたいと思います。

1000万という署名は大変な数ですが、署名活動が新聞報道されたことで、「用紙をくれ」といった引き合いが増えています。反原発では、いままでも坂本龍一さんは熱心に活動されていて、小さな集会にも出てきてくれましたし、賛同人には映画監督の山田洋次さんも名を連ねています。原発問題は全国レベルの問題で、波及性も大きいので、頑張れば達成できる数だと思っています。

運動が成功するかしないかのポイントは、賛成でも反対でもない中間派を味方に付けられるかどうかです。時間の経過とともに、賛成派から中間派へ移る人が出てくる。反対派がかたくなにならず、柔軟な運動をしていれば、中間派とも協力できるようになります。巻原発（編注：東北電力が新潟市郊外の海岸に建設を計画していた原子力発電所。住民投票を経て、04年に東北電力が設置許可申請を撤回）や、霞ヶ浦の埋め立て反対の時も、中間派の人たちが合流してきたので、最終的に反対運動が成功しました。

近ごろの集会に参加して、以前と大きく変わったなと感じたことがあります。以前は集会の写真といえば、ひな壇に偉い人が座っていて、カメラマンが客席側から壇上を写すという形でした。ところがそれを逆転させて、場内の参加者が看板や横断幕を持っていて、カメラマンは壇上から参加者を写すようになってきた。そうすると、臨場感もあるし、参加者が中心という感じがよく表れます。発想の転換ですね。音楽もやるようになったし運動の様子は変化しています。

もう偉い人の演説を聞くという時代ではないんですよね。9月に開く集会でも、いろんな人が集まって自発的に盛り上がれば良いと思っています。

署名運動となるとやはり事務局が必要です。とりあえず原水禁の協力を仰ぐことにしましたが、原水禁と原水協の対立といったことに僕は興味がない。そういうしがらみを超えた運動をしなければなりません。皆が不安を感じて、何かしなければいけないとの欲求がある時に、政治的対立を超えた運動を作り出さなければいけない。僕は7月2日には明治公園で開かれる共産党系の集会にも呼ばれているし、そこにも出るつもりです。

立ち入り禁止区域と原発取材

僕は今回、福島原発周辺では、相馬市と南相馬市を取材しました。被災地一般という意味では岩手、宮城、福島を見て回っています。私は以前、雲仙普賢岳の取材で立ち入り禁止区域に入り、災害対策基本法違反で書類送検されたことがあります。不起訴になりましたが、その時は罰金1万円の脅しです。今回も、メディアは防護服を着て立ち入り禁止区域内に入り、取材すべきだと思いますが、無断で立ち入ると罰金刑になるでしょう。そうなると、基本的に事を構えたがらない大手メディアには難しいですね。

一方で立ち入り禁止にすると、補償もしなければならなくなります。今回、避難や立ち入り禁止区域の範囲が5キロ、10キロ、20キロと後からぶざまに広げたり、自主避難という形にしたりした背景には、補償のこともあったでしょう。避難の手順が基本的に間違っていて、はじめに逃げろといって、落ち着いたら帰れとやれば良かった。あまり言いたくありませんが、健康への影響を受けた人がこれから出てこないか、心配しています。その補償は絶対必要です。

自立した市民運動として反原発へ

東電福島原発事故を受け、大江健三郎さん、澤地久枝さんら、9人の呼びかけ人とともに、著者は「さようなら原発1000万人アクション」実行委員会を結成。脱原発を実現し、自然エネルギー中心の社会を求め、1000万人の署名集めや「9・19さようなら原発5万人集会」などを主催。今も反原発の旗を掲げ、全国各地を飛び回っている。原発事故から1年、改めて、脱原発への思いを語っていただいた。

「しまった！」という痛恨の思い

――今回の運動に取り組まれたきっかけは、何だったのでしょう。

鎌田　僕はずっと原発反対を書き続けてきました。集会や反対運動にもそれなりに付き合ってきたつもりです。それなのに福島の原発事故を止められなかった。第一報を聞いたときは、「しまった！」という思いでいっぱいでした。原発反対運動は各地にあったけれど、それを結ぶ中央の運動というのはなかったんです。もっと本気で反対してくれればよかった、努力が足りなかったたって、痛恨の思いだった。それで、今度は頑張ろうと思って始めたんです。

――1年間やってこられて、総括というか、今どんな思いをお持ちですか。

鎌田　今回は、放射性物質が吐き出されているから、いろんな問題も出るだろうし、人の噂も七十五日なんて、すぐに運動が収束することはないと思う。関西なんかでは関心が薄れてきているということは聞いています。でも、事故当時のような強烈な形ではないにしても、人々の心の反原発という意識は、そんなに簡単にはなくならない。その母体があるうちに、方向性を明確にして、（私のように）「原発は潰す」ってしょっちゅう言ってる奴がいれば、無関心にならずにそっちに期待する人が多くなりますよね。そういう意味で、あちこちの集会に行ったり、署名運動をやったりしています。それで、政府を動かそうと思っているわけです。夏には新エネルギー政策のようなものを作る。そのときに原子力政策から脱却するっていう方針を出すような形で押していきたい。今はせめぎあっているところで、ここが頑張りどころだと思っています。

――はじめに原発の問題と直面されたのはいつごろですか。

鎌田　１９７０年代です。柏崎刈羽原発の建設前に、柏崎の住民運動を取材に行って、それから、全国各地の原発を回るようになって、だんだん原発のからくりがわかってきた。今原発のある地域は、全部反対運動のあった地域なんです。でも、お金で反対運動を潰されて原発ができたわけです。住民をだまくらかして土地を買い、ずっと工作して漁業権を放棄させる。僕はＣＩＡ（アメリカ中央情報局）の前に東電のＴをつけて、ＴＣＩＡって言ってるんですが、その村に何十人もの社員を常駐させて、住民を監視してる。それで、金で引っぱたいて、親子や親戚まで切り離していく。電源開発なども、そういう汚い方法でやってきた。

原発それ自体が危ないだけじゃなく、そもそも原発を導入するときの、だましたり買収したりっていう汚さ……、そういうことが生理的に嫌でしたね。

原発には出発から利権のキナ臭さ

――原発そのものの問題もさることながら、原子力ムラという、原発の周りに権益集団のようなものが形成されている。その構造はどうなっているのでしょう。
鎌田　今でこそ批判の対象になっているけど、今初めて原子力ムラができたわけじゃない。１９５４年に中曾根（康弘元首相）が原子力予算を作ったスタートの段階から作られた体制なんです。原子力の予算化は学者たちにも寝耳に水でしたが、札束攻勢で頬を叩いた。産業界も、戦後はなくなった軍需産業のかわりに、産業発展の起爆剤にしようと、原発産業に参入した。政府・官僚・政治家・地域首長・産業界・学者・マスコミ・裁判所が一体化して「原発絶対体制」として市民の頭の上に乗っかって始まった。原発には出発からして利権のキナ臭さが漂っていたんです。

僕は原発の町をいろいろ取材して歩きましたが、市役所でも建設事務所でも、まともに相手にされたことはないです。「危なくないですか」って聞いても、国が安全だって言ったから安全なんだって、まったく無関心。「あなたは原発に賛成か反対かわからないから何も言えない」とも言われた。自治体は企業城下町だから、「原発絶対体制」という巨大な石の下敷きになっていれば、金は入ってくるという構造。自治体の職員にしてみれば、ビビってへたなことは言えないわけです。

――でも、1954年といえば、第五福竜丸の事件のすぐあとでしょう。ニュースでも、ガイガーカウンターで被爆したマグロの放射能の値を計っている映像なんかが流れていて、雨に当たると頭が禿げるなんて言われた。そんな日本人の意識に「安全神話キャンペーン」はどんなふうに浸透していったのでしょうか。

鎌田　アメリカも血みどろのエネルギーだったと思いますよ。危険だっていう意識を安全だというふうに180度転換させたわけですから。理屈で言うと平和利用なんだけど、実際は核兵器という大量殺戮《さつりく》兵器を逆転して、平和のための大量発電兵器に転換させたってこと。最初は広島に原発を作る計画もあったんだからね。目には目をっていうか、傷口に焼いたコテを突っ込むぐらいの荒療治です。日本は被爆国だから、逆療法をやったようなもんですよ。原子力を目の前に見せて、これは安全ですって。

――鎌田さんは、原発の裏には、事実を隠蔽したり薄めたりしながら世論を形成して、国家主義的な、暗に核兵器的な仕掛けが隠されているとお書きになっています。そこについてはどうお考えですか。

鎌田　すぐに核武装するということではないんです。ただ、僕は兵器工場も取材しているんですが、兵器工場と原発メーカーって同じなんですよ。三菱重工・三菱電機、東芝、日立、ＩＨＩとか。だから、再処理工場と高速増殖炉を国営化すれば、すぐに作れる。原発の延長線上には、将来のそういう不安はあるということです。

――中曽根元首相及び正力松太郎、岸信介、佐藤栄作にも核武装の必要性を謳った手記がありますね。列強だったはずの日本が敗戦して、今度は列強の一つの条件として、核技術がないとだめなんだという……。

鎌田　そう、原発を導入した当時の支配者たちの意識の中には、強国でありたいという気持ちがあったわけですよ。彼らは中国や朝鮮で支配者として君臨してきた世代ですから、僕らみたいな平和教育を受けて、軍隊のことなんか全然知らない世代とは、根本的に感覚が違うんだと思います。

——それにしても、なぜ「安全神話キャンペーン」がまかり通ったのでしょうか。飛行機だってモノになるまでには何回落ちたかわからない。技術発達のセオリーとして、1回も事故がないっていうのはあり得ないことだと思うのですが。

鎌田　小さい事故は想定してたけど、爆発するっていうまでの事故は想定しなかったんでしょうね。細分化しているからじゃないかな。全部の原発を管理する人はいないわけだから。

——トータルなポジションでゼネラルマネージングするような人はいなくて、個別の判断だったということですか。

鎌田　現場関係の人は危ないのを知ってるわけです。たとえば、原発内には何十キロものパイプが走っているんだけど、これが全部高品質なものではなく、そんじょそこらにある程度のパイプも多いという。現場でパイプをつないでいる連中と話していると、溶接漏れがあったとか結節点がもろくて亀裂が入ったとか、地震があったら耐えられないだろうとか、そんな声が盛んに聞こえてきていた。ところが、原子炉のほうは東大工学部の大学院卒とか、そういう連中が担当しているわけで、そういう下々のところまでは目がいかない。

――小さな事故は、頻繁に起こっていたということですよね。

鎌田　六ヶ所村の再処理工場だって、プールを作った段階から、燃料棒用のプールの底の溶接ミスで水が漏れているのがわかって、何度もやりなおして、実験するまで10年くらいかかっているんです。末端にはそういったいろいろなミスがあって、小さな事故は発生してたけど、それは本体には関係ない。だから、事故はあってもないってことで、これまで来ていたわけです。

再稼働に突進する政府、産業界

――不幸な話ですが、今回の事故によって、そうしたいろんな問題点も浮き彫りになったということですよね。1年目を迎えて、今後の運動の展望はどのようにお考えですか。

鎌田　今、54基のうち2基しか稼働していない。5月になれば全部停止しちゃう。するとね、全部停止しても、意外に電力はびくともしなかったってことがわかるわけです。だから、当面の戦術は、再稼動させないで原発を全部ストップさせておいて、火力や天然ガスや自然エネルギーや代替のエネルギーにシフトしていく。再稼働を認めるかどうかが一つの山ですね。だから、2月11日の集会では声明を発して、全国の自治体の首長に「再稼働はするな」って要請しました。東海村の村長とか南相馬市の市長とか、賛同人になって意を決して反対しようという首長も増えています。

やればやるほど波及していくとは思う。ただ、野田政権だってなんとか逃げ切りたいわけですよ。全部ストップしてしまったら、自分の国で止まってるクセしてなんで輸出するんだってことになるでしょう。商売の邪魔になるから、政府と産業界は必死に再稼働をしようとする。熾烈ですよ。でも、人間のいのちがかかっている。これが最後の運動だと思うから、勝つか負けるかわからないけど、呼びかけ人たちも一生懸命です。

――みなさん他人事ではなく、切迫した問題としてとらえていると。

鎌田　一つは、呼びかけ人は70～80歳前後でしょう。戦後民主主義の世代なんです。戦後の青空の青さを信じた世代ですよ。敗戦を体験し、戦後に始まった民主主義を当然のように信じて生きてきた。それがずるずるになっているのが、今回の事故で露呈した。

僕は76年に福島第一原発のルポルタージュで大事故が発生する可能性について書きました。「ある日、テレビが金切り声をあげて、○○原発に重大な事故が発生しました。全員退避してください」なんていう日が来ると。でも、今の政府は「ただちに健康に被害はありません」と言っただけで、退避すらさせなかった。だれもそこまでひどいとは想像もしなかった。あまりに汚いよ、それはないぜ……って、今度の事故では本当に頑張ろうということになったんです。

市民によるネットワーク形成

――声は小さいけれど、原発への警鐘はずっとならされていたのに、私たちはなぜ、安全神話に疑問を持たずに来てしまったのでしょうか。

鎌田　それは全部国がやっているからです。国策民営というんだけど、国の方針だったから、国家企業としての東電があり、通産省があって原子力安全・保安院があってっていう……。だから、本当に汚いんだよ。戦争に負けたんだけど、われわれはまだ国を信用していた。お上に従うそういう奴隷根性がずうっと続いていたんじゃないですか。

民衆、個人個人が自立して、自分たちでネットワークを作っていくしかないんだと思います。

――ドイツの緑の党も、初めは活動家が10人、20人を前にして、酸性雨のメカニズムなんかを地道に説明していた。だから、今の運動になったという。

鎌田　大衆運動、自立した市民がいて、いろんな小さい運動、自分たちでやった運動があったわけです。日本は敗戦のあと、政党と労働組合が一手に運動を引き受けてきて、自立した市民運動はなかった。だから、これからだと思います。

さようなら原発運動の精神〜「3・11」以後を生きるということ〜

埋めつくされた集会場周辺

二〇一一年九月一九日に、東京・明治公園でひらかれた、「さようなら原発」集会は、五万人を目標にしたのだが、わたしたちの予想をうわまわって、六万以上のひとびとがあつまった。

会場からあふれ、公園の外の広大な空間を埋めつくし、千駄ヶ谷駅のプラットホームのうえまで一杯にして、電車が止まれず通過する事態になった。

わたしたちはその全容を把握できないまま、「六万人」と発表したのだが、あとで会場にはいれなかったばかりか、航空写真のフレームからもはみでていた大群衆をみて、計算ちがいを残念に思ったほどだった。

会場にちかづくこともできず、そのまま帰ったひともいた、という話をきいて、申しわけなく思ったのだが、六万以上だが、だれも正確には全体を把握できなかった。ちなみにいえば、警察発表は「二万八千」とか「三万人」とかのデタラメで、「読売新聞」などはそれに従って書いている。

その日の集会にむかうまえ、わたしはあちこちの脱原発のあつまりにでかけて、盛り上がりを実感していた。一万、二万の集会がつづいていた。わたしは、「9・19は会場を埋め尽くそう」と訴えて歩いた。「行きます」というひとの表情は本気だった。それぞれの集会が終わると、駅に集合する連絡やバスの手配などをその場ではじめるひとたちがいた。

9・19集会に集まってきたひとたちは、老若男女さまざまなひとたちで、乳母車を押した若い女性もパレードに加わっていた。六〇年安保闘争のデモ以来はじめてというひとや、はじめてデモや集会に参加したというひとも多かった。

福島原発の大事故は、けっしてひとごとではなく、遠く離れていて、原発など意識していなかったひとたちに、突然、放射能が襲いかかる、という恐怖になったのだ。

「ある日、テレビが金切り声をあげる。

『○○原発に重大事故が発生しました。全員退避して下さい』

が、光も、音も、臭いも、なにもない。見えない放射能だけが確実にあなたを襲う」

（『ガラスの檻の中で──原発・コンピューターの見えざる支配』）

と、わたしは三五年前、まだスリーマイル島やチェルノブイリの事故が発生する以前に書いていた。しかし、実際大事故が発生してみると、予想とはちがった展開になった。テレビが繰り返し放送したのは、「ただちに健康には影響しない」という官房長官の欺瞞的なメッセージだった。そのあいだに、逃げ遅れたひとたちが、どれほど被曝したかはわからない。

「いまのわたしの最大の関心事は、大事故が発生する前に、日本が原発からの撤退を完了しているかどうか。つまり、すべての原発が休止するまでに、大事故に遭わないですむかどうかである。大事故が発生してから、やはり原発はやめようというのでは、あたかも二度も原爆を落とされてから、ようやく敗戦を認めたのとおなじ最悪の選択である」（『原発列島を行く』）

とも一〇年前に書いたが、事故が起こってみれば、この書き方はあまりにも客観的だった。原発社会から脱却するために、お前は具体的になにをしたのか、と自分が問われている。たしかに、わたしは、原発が建設されるまでの、電力会社と政府による地域への攻撃、そこでの抵抗などを四〇年にわたって書きつづけてきた。しかし、もっと運動に力をそそぐべきだったのだ、との想いがある。

足りなかった「拒絶する生き方」

それが「さようなら原発運動」をはじめた動機である。内橋克人、大江健三郎、落合恵子、坂本龍一、澤地久枝、瀬戸内寂聴、辻井喬、鶴見俊輔さん、このひとたちとわたしの九人の力で、すべての原発の廃炉、核増殖炉「もんじゅ」と使用済み核燃料の「再処理工場」の廃棄、それらをもとめる大集会をひらき、一〇〇〇万人の署名運動をはじめることになった。

わたしは、原発社会批判の文書を書きながら、「原発体制」のなかで暮らしてきた。原発体制を内側に取りこみ、そのなかで平然と生きてきた。批判をしながらも、拒絶する生き方はしていなかった。

事故の報道を受けて、わたしは戦時中のことを考えていた。そのときはまだ、「国民学校」一年生だったから、戦争批判については無知だったが、戦時中から、戦争を批判し、敗戦を予想していたひとたちは、すくなくなかった。が、戦争にむかう日本を押し止めることはできなかった。それとおなじように、原発は事故を起こす、と予想できていたなら、なぜ、もっとそれを止める有効な手立てを考え、実行しなかったのか。

しかし、原発予定地でわたしが出会ったひとたちは、生活の場で原発を拒絶していた。反対運動が分断させられ、「少数派」どころか、たったひとりになっても、敢然と拒絶し、孤絶も厭わなかったひとたちがいる。わたしは、そのようには生きてこなかった。孤立しているひとたちのことを紹介はしたが、運動で結びつける努力をしなかった。

各地の原発建設反対運動は、孤立させられ、各個撃破されてきた。批判的にいうのではないが、高木仁三郎さんが組織した「原子力資料情報室」が、運動の連絡を担い、核実験に反対する「原水禁」（原水爆禁止日本国民会議）が運動体となっていたが、まだまだ非力だった。

これまでの運動がひろがらなかったのは、反原発運動ばかりのことではなかったが、政党や労働組合が主導してきたからだ。政党や労組が運動するのは、けっして批判すべきことではないが、大胆に市民へ訴えることは苦手だった。訴える姿勢と訴える言葉をもっていなかった。政党と労組がそれぞれに「動員」すれば、そこそこの運動として形ができる。それでほぼ自己満足に終わっていた。

原発の立地地域が、過疎化した地域や「辺境」にあるため（人口密度が少ないのは、立地の許可条件だが）、住民の反対運動は孤立しがちだったし、それを結びつける運動がなかった。

原発が日本に輸入されるころ、社会党は原発に反対ではなかったし、共産党は原子力技術の「平和利用」を単純に信じこんでいた。あまりふるいことをいいたてる気はないが、ソ連の核実験には反対しなかったのは、よく知られている。

被爆国・日本に輸入された原発

かつて『ガラスの檻の中で』で、わたしは福島原発周辺の被曝者たちについて書き、中曽根康弘氏の立ち回りのキナ臭さについて書いた。日本の「原発予算」とアイゼンハワー米大統領の原発売り込み攻勢は偶然の一致ではない。その事実は知られていたのだが、その後、追及されることなく、フクシマまで、マスコミでは封印されてきた。

原発の巧妙な宣伝とともに、日木は「原発列島」と化した。一回目は「平和利用」という名目で、ほかならぬ被爆国・日本に輸出され、二回目は「石油危機」にたいする電力安定、三回目は、「地球温暖化」の抑止力として、クリーンエネルギーの宣伝だった。

フクシマのあと、朝日新聞のインタビューで、原発事故があっても、日本民族は「雄々しくすすめ」と号令をかけた中曾根氏は、一九五三年夏、まだ陣笠議員だったころ、およそ四〇日間、ハーバード大学の「夏期国際問題セミナー」に出席した。

日本の核政策は、ここからはじまったのである。

中曾根氏は、GHQのCIC（対敵国諜報部隊）に所属し、国会議員などから情報を収集していたコールトンの斡旋で、キッシンジャーがやっていた、ハーバード大学の「夏期国際問題セミナー」に参加した。「海外原子力事情視察の目的で渡米した」（『日本原子力発達史』国会通信社刊）ともいわれているが、根拠はあきらかではない。

このとき、中曾根氏は、カリフォルニア州バークレイにある、「ローレンス放射線研究所」を見学している。この研究所は、アメリカでの原爆、水爆開発に重要な役割を果たした、原子核・素粒子物理の研究所である。ここにいた理化学研究所の嵯峨根遼吉博士に、「国家としての長期的展望に立った国策を確立しなさい」と日本の原子力政策について助言された、と彼は語っている。

招待旅行から帰ってきた中曾根議員は、翌五四年三月、改進党、自由党、日本自由党の保守三党の議員に諮って、予算委員会に「原子力予算」二億三五〇〇万円を提案して、衆議院を通過させ、そのあと、自然成立となった。なぜ、その金額か、と聞かれた中曾根氏、「ウラン二三五」をもじったものだ、と答えて議場を沸かせた。禍々《まがまが》しい広島原爆の原料を、予算獲得の促進剤に使ったのは、「原爆の商業利用」のもっとも極端な表現だった。

「中曾根二三五」は、よく知られているエピソードである。そのときの提案説明をおこなったおなじ改進党の小山倉之助議員が、「MSA（相互安全保障）の援助に対して、米国の旧式な兵器が貸与されることを避けるがためにも、新兵器や、現在製造の過程にある原子兵器をも理解し、またはこれを使用する能力をもつことが先決であると思うのであります」と演説していた（藤田祐幸「戦後日本の核政策史」、『隠して核武装する日本』影書房）。原爆投下から九年目にして、すでに「軍事利用」を想定して、予算化されていたのだ。

前年一二月八日、日米戦争の記念すべき日、アイゼンハワー大統領は国連総会で「アトムズ・フォー・ピース」と演説し、米国が世界にむかって、核技術を原発と燃料用濃縮ウランの商品として解禁することを宣言した。中曾根氏による予算化は、大統領の原発の売り込み作戦の第一弾だったが、日本の原爆研究の第一歩でもあった。さっそく、米国が核爆弾に使った使い残りの濃縮ウランが、日本に輸入された。

秘密、拙速、札束の三つが基本姿勢

原子炉建造の予算化は、日本の科学者にとって寝耳に水だった。それを尻目に、「もたもたしている学者の頰ぺたを札束で叩いた」と中曾根氏は豪語した、とつたえられている。秘密、拙速、札束、この三つがその後も原子力行政の基本姿勢となった。専門家たちになんの根回しもせずにはじめられた、この狂暴なエネルギーの研究には、疑問が多い。

とにかく、札束攻勢からはじまったのが、日本の原子力政策を象徴している。中曾根氏は、後年になって、あの「札束」発言は自分ではなく、おなじ改進党議員だった稲葉修氏だった、と訂正している。しかし、稲葉氏は黄泉《よみ》の国へ旅立って不在である。

翌五五年、原子力基本法成立。被爆国日本は敗戦一〇年目にして、核の「平和利用」に舵を切った。そのあと、五六年に科学技術庁が発足、原子力委員長になっていた「読売新聞」社主・正力松太郎氏が初代長官に就任する。「私は科学技術庁長官になった正力松太郎さんを助けて働きました」と中曾根は謙遜しているが、正力氏は五五年二月に衆議院議員に当選したばかりだった。

それでいて、鳩山内閣の原子力担当大臣に就任し、大臣・社主の二枚看板で、原子力の大宣伝につとめた。原子力予算が決まった前日、日本にとっての三度目の被爆というべき、ビキニ環礁で「第五福竜丸」が「死の灰」をあびていたが、まだその被害は判明していなかった。

この大事件は、「読売新聞」のスクープとして報道され、三度目の被爆によって、世論の反核感情がたかまっていった。この反核感情に、「平和」を表看板に、真っ向から挑戦して、広島に原発をつくろう、と提案したのが、米国原子力委員会の戦略だった。

正力氏が支配する読売新聞と日本テレビが、あたかも米国の「平和利用」キャンペーン、売り込み政策の日本側代理店と化して、宣伝につとめ、読売新聞主催の「原子力平和利用博覧会」が、「核アレルギー」を払拭し、科学技術神話を振りまき、原発建設の道を清めた。原発と正力氏とＣＩＡ（アメリカ中央情報局）との関係については、有馬哲夫の『正力・原発・ＣＩＡ』（新潮新書）に詳しい。

原子力（原子炉建設）予算が成立したあと、有力企業があつまって、電力中央研究所に、「原子力発電資料調査会」を設置し、翌年、「日本原子力産業会議」（原産）が発足した。三菱グループが、「『三菱』原子力委員会」を結成したのが五五年一〇月。東芝など三井系、日立系、住友系などは、その翌年に原子力開発グループをたちあげた。各資本グループが、新規事業として原発産業に参入したのだ（『ガラスの檻の中で』）。

日本に発電施設を売り込んでいた、ＷＨ（ウェスティングハウス社）とＧＥ（ジェネラルエレクトリック社）が、それぞれ七〇年運転開始の美浜《みはま》一号炉（二号炉もＷＨ社）を押さえ、七一年運転開始の福島一号炉（二号炉も）は、ＧＥ社が押さえた。ＷＨ社はその後、日本の原発会社・東芝に買収され、東芝は政権と結びついて、アジア諸国への輸出を図っている。

「原爆と原発は違う」との宣伝

七六年五月号の『経団連月報』で、長谷川周重《のりしげ》・経団連副会長は、こう語っている。

「過去の日本のいろんな産業が発達したインパクトとして軍需産業が非常に大きな力があったわけで、いまはそういうものはない。アメリカあたりはやっぱり軍需産業でもって産業が発達している。日本にはそれがない。そうすると、一つの産業というか、そういう技術の発達のインパクトとして原子力というものを使っていいのではないか」

原発を平和時の「軍需産業」として、産業発展の「起爆剤」にする。それが財界首脳の原発の位置づけだった。

しかし、一九六九年九月、佐藤政権下で作成された、秘密文書「わが国の外交政策大綱」にはすでに、「当面核兵器は保有しない政策をとるが、核兵器製造の経済的・技術的ポテンシャルは常に保持するとともに、これに対する掣肘《せいちゅう》をうけないよう配慮する」と書かれていた（藤田、前掲論文）。五七年五月には、岸信介首相が「現憲法下でも自衛のための核兵器保有は許される」と発言していた。

それ以来、佐藤、中曾根など歴代首相の「核武装研究の必要性」発言がつづいてきた。「非核三原則」があっても、核武装の物質基盤としてのプルトニウムが増殖しているのだから、政府は二枚舌である。

日本は核兵器を所有していないのに、唯一、使用済み核燃料の再処理工場の建設を認められた国である。故障と事故がつづいていても、青森県六ヶ所村の核燃料サイクルと濃縮ウラン工場、敦賀市の核増殖炉の「もんじゅ」にこだわりつづけている。「核兵器製造のポテンシャル（能力）を常に保持し、掣肘をうけない」ためである。

ところが、核武装論批判と原発反対運動とが、これまで結びつくことはなかったのは、わけ知り顔の「原爆と原発はちがう」という、核の「平和利用」と核の安全宣伝に意識を麻痺させられてきたからだ。

今回のフクシマの被曝という、極めて不幸な出来事によって原発が、ようやく、ヒロシマ、ナガサキ、第五福竜丸とむすびついたのは、必然でもあった。

フクシマを核社会から脱却する転換点にしなければ、いままで建設反対運動のなかで亡くなったひとたち、被曝労働者、汚染された地域で被曝の不安に戦《おのの》いているひとたち、将来の被曝者と子どもたちに報いることができない。

原発に反対する運動は、フクシマ事故以前までは、大胆率直に市民に訴えかける方法を欠いていた。運動拡大の努力がたりなかった。現地での建設反対運動は、住民中心だったが、立地点が僻地という悪条件のうえに、「支援」の社会党と総評の力が壊滅し、運動が衰退した。このあいだに、既成組織に依存することなく、市民運動化に転換ができなかった。

制御不能に陥る危険性

フクシマのあと、わたしが「原発絶対体制」と呼んできた、歴代の自民党政権、原発利権にむらがった政治家、中央官僚、財界、地方政治家、地方官僚、マスコミ幹部、学者、評論家、記者、大労組の幹部たち、この旧体制護持の集団のあいだにも、動揺がはじまっている。

現実の目のまえに起こった取り返しのつかない大事故をみとめ、これから拡大するであろう放射線被曝の被害のさまを想像できる感性があれば、これからも原発に依存するなどとは口が裂けてもいえないはずだ。ところが、まだ残存する原発推進派は、墜落した「安全」の代わりに、こんどは「危機」をふりかざしている。

「電力危機」と「経済危機」である。原発がなくなると、電力が不足するぞ、経済が停滞するぞ。いうにこと欠いてというか、盗っ人猛々しい。福島の経済を破綻させたのは、だれか。東電である。停電を招いたのはだれか。東電じゃなかったか。不安定な原発に依存していたからこそ、電力供給の義務を果たせなかった。〇七年七月に発生した、新潟県中越沖地震でも柏崎・刈羽原発が大事故手前で全面停止、発電休止したばかりだった。

原発は電力不足の「抑止力」、あるいは、原発建設は「地域開発の起爆剤」などと威勢よくいわれてきた。原爆を「戦争の抑止力」や「運河掘削」などに利用するとか、その強大な力で破壊する思想は、二〇世紀の遺物である。原爆も原発も、「戦争の時代」二〇世紀の怪物だった。ひとりでも多くの市民を殺すための原爆が悪魔の凶器であり、一キロワットでも多く発電して、広い範囲を支配しようという原発は、原爆の思想である。原発は時代とともに巨大化してきた。当初は一八万キロワットだったが、いまは一三〇万キロワットだ。巨大化は制御不能に陥る危険性を招く。神を恐れぬ傲《おご》りである。

その脅威がカネの力で、貧しい地域に押しつけられた。いうことを聞けばカネをだす、いうことを聞かなければカネはださない、といってきたのが、この国の政治家と官僚たちだった。

地域をカネで籠絡《ろうらく》する「電源三法交付金」が罷《まか》り通ってきた。本来ならば、原発に賛成しなくとも、交付しなければならない、国の予算だった。

電力会社は、理由もなくとにかく地域にカネを配り、カネに依存する社会にした。そのカネが「原価総括方式」として電力料金に加算された。政権、官僚、電力会社の結託である。

9・19集会場にあふれたのが、被曝の危険ばかりか、民主主義を妨害する、これらのやり口にたいする怒りだった。いま五四基のうち一〇基しか稼働していない。それでも、なんの不自由もない。このままでいくと、二〇一二年五月にはすべての原発が停止する。それでなんの不自由もない。

原発廃止で持続可能な生活に

いままでは、マスコミが報道しなければ、どんな集会も非存在として、伝わらない、という限界があった。が、あの集会であきらかになったのが、「ソーシャルメディア」と呼ばれる、インターネットなどの伝達能力だった。さらにラジオやBS・CS放送などもよく反原発報道を担った。それらがさらに原発社会から脱却するための運動を強めている。

〈核のない、持続可能な、さまざまな自然エネルギーの社会にむかう政策に転換させるためのスローガン〉

停止中の原発を再稼働させない運動をつくろう。

核武装の基盤を準備する高速増殖炉「もんじゅ」の運転と六ヶ所村の使用済み核燃料「再処理工場」の試運転を止めさせよう。

事故の危険性が高い、核サイクルの連鎖から脱却しよう。

電力会社の地域と発送電の独占をやめさせ、あらたな電力会社が参入できる電力の自由化をすすめよう。

経産省から原子力安全・保安院を分離させ、民主的な監視機関によって、すべての原発の廃炉にむかおう。

将来にわたる被曝者と被曝労働者救済の準備をはじめよう。

市民と労働者、農民、漁民すべての原発を許さない人たちとの連携を強めよう。

これがスローガンである。「さようなら原発」は、持続可能なエネルギーと持続可能な生活を目指し、たがいに助けあい、ささえあう未来の子どもたちとの平和な生活を目指す、新しい運動に繋がっている。

フクシマは、核の支配から脱するためのあたらしい運動の出発点である。そうでなければ、この重大な「犠牲」を無駄なものにしてしまう。フクシマのあと、ドイツ、イタリア両政府は、原発廃止を決定した。それはもう原爆も追求しない、という明確な意思表示でもある。もうひとつの「枢軸国」日本は、まだ戦争の反省が決定的に不足している。これはとても恥ずかしいことである。

本の指導者たちにはっきりと、「原発はいらない」という抗議の声を突きつけましょう。電気はいまでも足りています。さらに節電ができます。いのちと健康を犠牲にする経済などありえません。人間のための経済なのです。利権まみれの原発はもうたくさんです。反省なき非倫理、無責任、決断なき政治にたいして、もう一度力強く、原発いやだ、の声を集めましょう。

2012年5月5日　全原発停止の日に

内橋克人　大江健三郎　落合恵子　鎌田慧　坂本龍一　澤地久枝
瀬戸内寂聴　辻井喬　鶴見俊輔

要請事項

1　停止した原子力発電所は運転再開せず、廃炉にする。建設中の原発と建設計画は中止する。

2　もっとも危険なプルトニウムを利用する、高速増殖炉「もんじゅ」と再処理工場の運転を断念し、すみやかに廃棄する。

3　省エネ、持続可能な自然エネルギーを中心に据えた、エネルギー政策に早急に転換する。

さようなら原発1000万人署名に参加しよう。

http://sayonara-nukes.org

署名用紙はホームページからダウンロードできます。
ウエブ署名も行っています。
（ホームページからの署名もできます）

さようなら原発1000万人アクション実行委員会　〒101-0062　東京都千代田区神田駿河台３－２－11
総評会館１階　TEL03-5289-8224

原発はいらない！
さようなら原発10万人集会
（2012・7・16　代々木公園）

呼びかけ　福島第一原発で発生した、世界最大級の過酷事故によって、日本の豊かな自然――田んぼや畑、森、林、川、海、そして雲も空も放射能によって汚染されました。原発周辺で生活していた多くのひとびとは、家も仕事も失い故郷を追われ、散り散りになっていつ帰れるかわからない状態です。福島のみならず、さまざまな地域のひとびと、とりわけ子どもたちやちいさな生物に、これからどのような悪影響がでるのかの予測さえつきません。

メルトダウン（炉心溶融）とメルトスルー、そして原子力建屋の水素爆発という、あってはならない最悪事態はいまだ収束されず、圧力容器から溶け出た核燃料の行方さえ把握できない状況です。さらに迫り来る大地震が、原発を制御不能の原爆に転化する恐怖を現実のものにしようとしています。それにもかかわらず政府は、電力会社や財界の要求に応じて、やみくもに再稼働を認めようとしています。

日本に住むひとびとの８割以上が、「原発は嫌だ」と考えています。世界のひとたちも不安を感じています。しかしその思いを目に見える形で表現しなければ、原発を護持・存続させようとする暴力に勝つことはできません。私たちはいまこそ、日

◆初出一覧

＊掲載時のタイトルを変えたり、加筆・修正したりしている場合があります

第1章

原発拒絶の思想と運動（「世界」2011年9月号）

原発拒絶、そして反原発の連帯へ（「現代思想」2011年10月号）

「原発絶対体制」の正体（「法と民主主義」2011年6月号）

第2章

わが内なる原発体制（「週刊金曜日」2011年4月26日号＝臨時増刊）

原発はモラルに反している（「東西南北」2011年6月2日、和光大学での講演）

オキナワとフクシマ（「沖縄タイムズ」2011年7月15～16日）

原発は差別の上に建つ（「部落解放」2011年10月号）

対談　差別構造がないと原発は動かない（「週刊金曜日」2011年9月9日号）

第3章

鎮魂の桜（「京都新聞」2011年5月9日ほか＝共同配信）

生ぎろ気仙沼！　生ぎろ東北！（「仙台学」vol.12　2011年）

復興支援と自治体職員（「自治労通信」2011年7月8日）

復興・復旧にむけた公務労働（「じちろう」2012年1月21日）

初出一覧

第４章　「むつ」の放逐から下北原発阻止へ（『技術と人間』１９７４年10月号）
伊方——早すぎた原発（『現代の眼』１９７６年３月号）

第５章　柏崎——原発反対闘争の原点を見る（『流動』１９７４年２月号）
守勢から反攻へ～柏崎原発反対闘争～（『現代の眼』１９７５年５月号）

第６章　原発と報道——その悲しい関係（「supplémentà ZOOM JAPON」２０１２年）
〈一九七七年〉黄金バットはどこに（「週刊読書人」１９７７年５月23日号）
〈二〇一二年〉老いたカナリアから（「朝日ジャーナル」２０１２年３月20日号＝臨時増刊）
虚大・危険産業の落日（「先見経済」２０１２年４月）
震災・原発とマスメディア（「創」２０１１年８月）
自立した市民運動として反原発へ（「POCO21」２０１２年５月）
さようなら原発運動の精神（「神奈川大学評論」第70号　２０１１年11月）

◆原子力関連年表

＊太字は内外の主な事件、事故

一九四五年	
八月　六日	**米、広島に原爆投下**
八月　九日	**米、長崎に原爆投下**
一九五一年	
五月　一日	電力再編成＝九電力会社発足
一二月二九日	米の高速増殖炉ＥＢＲ－１が世界初の原子力発電（一〇〇〇キロワット）
一九五二年	
一一月　一日	米、第一回水爆実験
一一月二〇日	電気事業連合会発足
一二月　八日	**カナダのチョークリバー炉で炉心溶融事故**
一九五三年	
一二月　八日	米アイゼンハワー大統領、国連で原子力平和利用の提言
一九五四年	
一月二一日	米、世界初の原子力潜水艦「ノーチラス号」進水
三月　一日	**米のビキニ水爆実験でマーシャル諸島の島民や第五福竜丸などの漁船員らが被曝**
四月二三日	日本学術会議、〝自主・民主・公開〟の三原則を声明
六月二七日	ソ連、世界初の大規模原発（オブニンスク、五〇〇〇キロワット）運転開始
一九五五年	
一一月一四日	日米原子力協定調印
一一月二九日	**米の高速増殖炉ＥＢＲ－１で炉心溶融事故**
一一月三〇日	原子力研究所、財団法人として設立
一二月一九日	原子力三法（原子力基本法、原子力委員会設置法、原子力局設置に関する法律）公布
一九五六年	
一月　一日	原子力委員会発足
五月一九日	科学技術庁発足
五月二三日	英で初の原発（コールダーホール、五万キロワット）運転開始
六月一五日	特殊法人として日本原子力研究所設立
八月一〇日	原子燃料公社設立
一〇月二六日	国際原子力機関（ＩＡＥＡ）憲章調印
一九五七年	
六月一〇日	原子炉等規制法公布
七月二九日	国際原子力機関（ＩＡＥＡ）発足
八月二七日	**日本初の原子炉ＪＲＲ－１（五〇キロワット）臨界**
九月二九日	**ソ連でウラルの核惨事（高レベル放射性廃液が爆発）**
一〇月一〇日	**英ウインズケール炉で燃料溶融事故**
一一月　一日	日本原子力発電株式会社設立
一二月一八日	米で初の商業用原発（シッピングポート、六万キロワット）運転開始
一九六〇年	
一月一三日	**米ＳＬ－１炉で臨界超過事故**

一九六一年	六月一七日	原子力損害賠償法公布
一九六二年	九月一二日	**国産一号研究炉ＪＲＲ−３が臨界**
	一〇月一七日	英の高速増殖原型炉（ドーンレイ、一・五万キロワット）発電開始
一九六三年	一〇月二六日	動力試験炉ＪＰＤＲが日本初の原子力発電
一九六四年	七月一一日	電気事業法公布
	一二月	ソ連商業用原発（ノボボロネジ、二一万キロワット）送電開始
一九六六年	七月二五日	東海原発、営業運転開始（ＧＣＲ：一二・五万キロワット）
	一〇月　五日	**米の高速増殖炉フェルミ炉で燃料損傷事故**
一九六七年	一〇月　二日	動力炉・核燃料開発事業団設立
	一〇月　五日	東海原発、全出力（一六・六万キロワット）での営業運転開始
一九六八年	七月　一日	核拡散防止条約調印
一九六九年		
	六月一二日	原子力船「むつ」進水
一九七〇年	三月一四日	敦賀原発一号炉（ＢＷＲ：三五・七万キロワット）営業運転開始
	一一月二八日	美浜原発一号炉（ＰＷＲ：三四万キロワット）営業運転開始
一九七一年	三月二六日	福島第一原発一号炉（ＢＷＲ：四六万キロワット）営業運転開始、軽水炉時代の幕開け
	五月二七日	**岩佐嘉寿幸さんが敦賀原発で被曝**
	七月　一日	環境庁発足
一九七二年	一月二七日	米で緊急炉心冷却系の安全性に関する公聴会開始（七三年七月二五日までのべ一二五日間）
一九七三年	三月—	**美浜原発一号炉で燃料棒の大破損事故（七六年末まで隠蔽）**
	七月二五日	通商産業省に資源エネルギー庁発足
	八月二七日	伊方原発一号炉設置許可取り消し訴訟提訴
	九月一八日	原子力委員会による「福島第二原発公聴会」、福島市で開催
	九月二六日	**英セラフィールド再処理工場で放射能放出事故、前処理施設閉鎖**
	一〇月　六日	第四次中東戦争開始
	一〇月一七日	アラブ石油輸出国機構、石油生産の削減を決定（第一次石油危機）

一九七四年	
五月一八日	インドが「平和利用」の原子炉からのプルトニウムを使い核実験
六月　六日	電源三法（発電用設備周辺地域整備法、電源開発促進税法、電源開発促進対策特別会計法）公布
七月一七日	**美浜原発一号炉、蒸気発生器細管の損傷により運転停止（五年半）**
八月二八日	**原子力船「むつ」臨界**
九月　一日	**原子力船「むつ」放射線漏れ事故**
一一月一三日	**カレン・シルクウッド怪死事件**
一九七五年	
二月一八日	独ヴィールで原発用地占拠（〜一〇月二九日）
三月二二日	**米のブラウンズフェリー原発で火災事故**
八月二四日	京都市で初の反原発全国集会（〜二六日）
九月—	原子力資料情報室創設
一一月二七日	島根原発への核燃料搬入に初の阻止行動
一九七六年	
一月一六日	科学技術庁に原子力安全局新設
二月　二日	米GE社の三技師が、原発の危険性を内部告発して辞職
五月二四日	核拡散防止条約推進（世界で九七番目）
六月　六日	仏ラ・アーグで再処理工場建設反対の一万人デモ
九月二四日	米ウエストバレー再処理工場、運転再開断念
一一月二三日	独ブロックドルフで原発建設反対三万人デモ
一九七七年	
四月二五日	**高速増殖実験炉「常陽」（熱出力五万キロワット）臨界**
四月三〇日	米シーブロックで原発敷地占拠
七月一四日	スペインでレモニス原発建設反対一二万人デモ
七月一五日	動燃の再処理施設に初の使用済み燃料搬入
七月三〇日	仏クレイ・マルビルで高速増殖炉スーパーフェニックス建設反対六万人デモ（〜三一日）
九月二四日	独カルカーで高速増殖炉SNR－300建設反対の五万人デモ
一〇月二六日	全国各地で第一回「反原子力の日」
一一月　七日	動燃、東海村再処理施設でプルトニウム初抽出
一九七八年	
一月二四日	**ソ連の原子炉衛星が墜落**
三月二〇日	**新型転換炉原型炉「ふげん」（一六・五万キロワット）が臨界**
五月一四日	山口県豊北町で原発反対の町長が誕生
一〇月　四日	原子力安全委員会発足
一一月　五日	オーストリアで原発稼働の可否を問う国民投票、反対が過半数
一九七九年	
三月二八日	**米スリーマイル島原発二号炉で炉心溶融事故**
三月三一日	独ゴアレーベンで再処理工場計画に反対する一〇万余のデモ
四月　四日	イラン革命（第二次石油危機）
五月　六日	米ワシントンで一〇万人の反原発集会
五月一六日	独でゴアレーベン再処理工場の建設申請を州政府が却下

九月一二日 人形峠のウラン濃縮パイロットプラント運転開始
九月一九日 米ニューヨークで二〇万人参加の反原発ロックコンサート（〜二三日）
一〇月 一日 茨城県警に全国初の〝核警備隊〟設置
一〇月一四日 独ボンで一五万人の反原発集会

一九八〇年
一月一七日 高浜原発三、四号炉増設にともなう初の第二次公開ヒアリング
三月 一日 民間再処理会社、日本原燃サービス株式会社設立
三月二三日 スウェーデン、国民投票で原発の段階的廃棄を選択
四月一五日 **仏ラ・アーグ再処理工場で電源喪失事故**
五月 三日 仏ゴアレーベンで放射性廃棄物処分場計画地の占拠（〜六月五日）
六月二八日 米ブラウンズフェリー三号炉で制御棒の四〇%不作動事故
九月三〇日 小笠原村議会、八丈町議会が放射性廃棄物の太平洋への投棄に反対する決議、意見書採択
一一月 四日 米オレゴン州民投票で原発の新設を禁止
一二月 四日 柏崎刈羽原発二、五号炉増設にともなう初の第一次公開ヒアリング

一九八一年
一月一七日 東海再処理工場が本格運転開始
三月 八日 高知県窪川町で原発推進の町長をリコール（四月一九日返り咲き）
四月一八日 **敦賀原発の放射性廃液流出事故発覚**
六月 七日 **イスラエルがイラクの原子炉を爆破**
一〇月一〇日 独ボンで三〇万人の反原発集会

一九八二年
一月二五日 **米ギネイ原発で蒸気発生器細管の大破損事故**
三月二一日 「平和のための広島行動」
五月二三日 「平和のための東京行動」
六月一二日 米ニューヨークで一二〇万人の反核集会
七月一九日 高知県窪川町で日本初の原発住民投票条例が成立
一〇月二四日 「反核・軍縮・平和のための大阪行動」
一一月一一日 長崎県平戸市長が再処理工場誘致反対を声明

一九八三年
二月一七日 ロンドン条約締約国際会議が放射性廃棄物の海洋投棄凍結を決議
三月 六日 独、緑の党が国会に初進出
六月二九日 動燃、高レベル放射性物質研究施設（CPF）で「常陽」の使用済み燃料を初めて再処理
一〇月二六日 米政府が高速増殖炉原型炉クリンチリバーの建設を断念
一二月― 米ACNS社がバーンウェル再処理工場の運転開始を断念、封鎖

一九八四年
三月― スペイン政府が建設中の四原発、計画中の一原発の凍結を決定
七月二七日 電事連が青森県と六ヶ所村に核燃料サイクル施設立地を正式申し入れ
一一月一五日 仏からの返還プルトニウムを積んだ「晴新丸」が東京港に入港、プルトニウムは動燃東

海事業所に陸送

一九八五年
二月一六日　独ヴァッカースドルフで再処理工場建設反対の三万人デモ
三月　一日　日本原燃産業株式会社発足
三月二九日　デンマーク議会が政府に対し原発を採用しないエネルギー計画の策定を指示する決議
四月一八日　独ヴァッカースドルフで再処理工場建設地占拠（～八六年一月七日）

一九八六年
四月二六日　**ソ連チェルノブイリ原発四号炉で核暴走事故**
四月三〇日　フィリピン政府がバターン原発の未稼働廃炉を決定
五月二一日　放射性廃棄物の処分を容易にする原子炉等規制法の改正が成立
六月二二日　**動燃東海事業所でＩＡＥＡの査察官を含む一二名がプルトニウム汚染**
八月二五日　ＩＡＥＡがチェルノブイリ事故専門家会議をウィーンで開催
一二月　四日　ＪＰＤＲの解体作業に着手
一二月　九日　**米サリー原発二号炉で二次系配管の大破断事故**

一九八七年
二月二七日　**英の高速増殖炉原型炉ＰＦＲで蒸気発生器細管の大破損事故**
三月　九日　**仏の高速増殖炉実証炉スーパーフェニックスで燃料貯蔵タンクからナトリウム漏れ**
七月一五日　**米ノースアンナ原発一号炉で蒸気発生器細管の破断事故**
一〇月　六日　スイス議会がカイザーアウグスト原発計画の放棄を決定
一一月　八日　イタリア国民投票で原発推進の法律を廃止（～九日）
一一月二五日　仏原子力庁がスーパーフェニックスⅡ計画を白紙撤回

一九八八年
一月二一日　ソ連で初めて住民の反対でクラスノダール原発の建設を中止
一月二九日　高知県窪川町長が原発誘致を断念して辞任
二月一一日　伊方原発二号炉での出力調整試験に四国電力前で抗議行動（～一二日）
三月　九日　**米ラサール原発二号炉で出力発振事故**
三月三〇日　和歌山県日高町の漁協が原発の事前調査受け入れを拒否
四月二三日　東京で「原発をとめよう二万人行動」
五月二六日　米ショーラム原発の未稼働解体を電力会社と州が合意
七月　三日　和歌山県日置川町で反原発派の町長誕生
一〇月　六日　六ヶ所村でウラン濃縮工場の建設開始
一二月　九日　ベルギー政府が新規原発計画の放棄を決定

一九八九年
一月　六日　**福島第二原発三号炉で再循環ポンプ破損事故**
五月一二日　石川県珠洲市で関西電力の事前調査阻止行動（～六月一六日）
五月三一日　独でヴァッカースドルフ再処理工場の建設中止
六月　六日　米で住民投票によりランチョセコ原発の閉鎖決定

六月一五日　ユーゴスラビア議会が原発禁止法を制定
一二月　五日　韓国の三原発現地で同時デモ

一九九〇年
六月一三日　イタリア議会が原発全廃を決議
七月一三日　「むつ」初の原子力による航行
七月二〇日　北海道議会が幌延町高レベル廃棄物貯蔵・研究施設の建設に反対決議
九月二三日　スイス、国民投票で原発建設を一〇年間凍結

一九九一年
二月　九日　**美浜原発二号炉で蒸気発生器細管の破断事故**
三月一五日　岡山県湯原町議会で放射性廃棄物持ち込み拒否条例が成立
三月二一日　独政府が高速増殖炉原型炉ＳＮＲ－３００の建設を断念
五月　五日　台湾で二万人の反原発デモ
五月二一日　ＩＡＥＡ国際諮問委員会、チェルノブイリ原子力発電所事故の最終報告発表
一二月二一日　ソ連崩壊
一二月二六日　福島原発の元労働者の白血病死に原発で初の労災認定

一九九二年
二月一四日　原子力船「むつ」が実験終了を宣言
三月二七日　六ヶ所ウラン濃縮施設操業開始
四月一八日　科学技術庁が核燃料輸送の情報を秘密にする通達
六月　三日　国連環境開発会議（ＵＮＣＥＤ）、リオデジャネイロで開催（～一四日）
七月　一日　日本原燃サービス株式会社と日本原燃産業株式会社が合併し、日本原燃株式会社発足
一〇月二九日　伊方原発一号炉、福島第二原発一号炉の設置許可取り消し訴訟、最高裁で敗訴決定
一二月　八日　六ヶ所低レベル廃棄物埋設センターにドラム缶の搬入開始

一九九三年
一月　五日　仏からの返還プルトニウムを積んだ「あかつき丸」が東海港に入港
三月二六日　三重県南島町で原発住民投票条例が成立
四月　六日　**ロシアのトムスク再処理工場で爆発事故**
五月二八日　高レベル事業推進準備会発足
一〇月　五日　宮崎県串間市で原発住民投票条例が成立
一〇月一七日　**ロシア海軍が低レベル廃液の日本海への海洋投棄再開**
一一月一二日　ロンドン条約締約国会議、低レベル廃棄物の海洋投棄全面禁止を決定
一一月一八日　六ヶ所ウラン濃縮工場から製品ウラン初出荷

一九九四年
一月一七日　英の再処理工場ＴＨＯＲＰ（ソープ）運転開始
三月一八日　大分県蒲江町議会が原発計画反対を決議
四月　五日　**高速増殖炉原型炉「もんじゅ」が臨界**
五月二〇日　独、原子力法を改正、再処理の義務をなくす
七月二七日　浜岡原発の元労働者、嶋橋伸之さんら二人の白血病に労災認定

一九九五年
一月一七日　阪神淡路大震災（兵庫県南部地震）
一月二二日　新潟県巻町の自主住民投票で原発反対が多数

（〜一一月五日）

三月二四日　三重県南島町で原発住民投票条例が改正、建設には三分の二の賛成が必要に（事前調査に三分の二の賛成が必要とする条例も成立）

四月一四日　電気事業の規制緩和を盛り込んだ電気事業法改正が成立

四月二六日　仏より初の返還高レベル廃棄物を積んだ「パシフィック・ピンテイル号」が青森県六ヶ所村のむつ小川原港に入港

五月一一日　核不拡散条約の無期限延長決定、直後に中国が核実験、仏も実験再開

六月二六日　新潟県巻町で原発住民投票条例が成立

七月一一日　電気事業連合会が新型転換炉実証炉の建設計画見直しを国などに要請

八月二五日　原子力委員会が新型転換炉実証炉の建設計画中止を決定

八月二九日　「もんじゅ」初送電

一二月　一日　九州電力が串間原発建設計画を凍結

一二月—　独シーメンス社がハナウＭＯＸ燃料工場の運転開始を断念、解体を決定

一二月　八日　**「もんじゅ」でナトリウム火災事故**

一二月一五日　新潟県巻町でリコール運動中に原発推進派の町長が辞任

一二月二八日　岐阜県瑞浪市に高レベル廃棄物処分研究施設を建設する協定に地元自治体と動燃事業団が調印

一九九六年

一月二三日　福井、福島、新潟三県の知事が国の原子力政策に提言

五月二四日　台湾国会が原発計画廃棄法案を可決（一〇月一八日、再審議で否決）

五月三一日　九三年の珠洲市長選の無効が最高裁で確定

芦浜原発反対の八一万余県民署名、三重県知事に提出

七月一四日　やり直し珠洲市長選で反対派の勝利ならず

八月　四日　巻町で原発賛否の住民投票、有権者の過半数が原発反対

九月二〇日　串間市議会が原発立地反対を決議

九月二五日　原子力委員会が部会などの公開を決定（一二月五日、原子力安全委員会も）

一一月　七日　世界初のＡＢＷＲ（改良型沸騰水型炉）柏崎刈羽原発六号炉が営業運転を開始

一二月　八日　ロシアのコストロマで住民投票、原発の建設再開に反対

一二月一九日　福島第二原発三号炉の運転差し止めを求めた東京電力株主の訴えを東京地裁が棄却

一九九七年

一月　二日　ロシア船籍のタンカー「ナホトカ号」が島根県沖で水没、流出重油が日本海岸に漂着し甚大な被害（原発取水口にも漂着）

二月　政府が福島、新潟、福井三県にプルサーマル計画への協力を要請

三月　電力各社が福島、新潟、福井三県にプルサーマル計画説明

三月一一日　**東海再処理工場アスファルト固化施設で火災・爆発事故**

六月一〇日　スウェーデン議会が原発の段階的廃止法案を可決（一二月一八日、原発収用法案も）

六月一九日　仏新首相が「スーパーフェニックス」の閉鎖

	方針を表明
七月　二日	米、未臨界核実験を強行（九月一〇日にも。一一月一二日には露も実験継続中と表明）
八月　一日	動燃改革委員会が報告書
八月二六日	**動燃東海事業所でウラン廃棄物のずさん管理が発覚**
九月一〇日	「もんじゅ」に一年間の運転停止命令
九月一六日	**原発配管溶接工事での焼鈍データ捏造が判明**
一〇月二四日	**敦賀原発一号炉で制御棒一本が不作動（一二月五日、福島第二原発一号炉でも）**
一一月二八日	高速増殖炉懇談会が報告書
一二月　一日	京都で第三回気候変動枠組み条約締約国会議（～一二月一一日）
一二月二三日	動燃東海事業所内八施設に半年間の核燃料物質使用停止命令
一九九八年	
二月　二日	仏政府が「スーパーフェニックス」の廃炉を正式決定
三月一三日	六ヶ所貯蔵施設に三回目の高レベル廃棄物搬入（知事の接岸拒否で予定より三日遅れ）
三月三一日	東海原発が営業運転を終了
五月　六日	**仏で使用済み燃料輸送容器・貨車の汚染スキャンダルが暴露**
五月一一日	インドが核実験（一三日にも）
五月二八日	パキスタンが核実験（三〇日にも）
六月一七日	**動燃東海事業所で放射性廃棄物の一般廃棄物への混入を発見（以後、続々と）**
九月三〇日	動燃事業団が解散（一〇月一日、核燃料サイクル開発機構発足）
一〇月　二日	建設中の六ヶ所再処理工場に試験用使用済み燃料を初搬入
一〇月　四日	使用済み燃料・ＭＯＸ燃料輸送容器の中性子遮蔽材データ捏造・改竄が発覚
一〇月二七日	独で社会民主党と九〇年連合・緑の党の連立政権が誕生
一二月一六日	高浜原発でのプルサーマル計画に通産相が許可
一九九九年	
三月二三日	土岐市議会で放射性廃棄物の持ち込み禁止条例案を可決
六月　九日	使用済み燃料中間貯蔵の事業化を認める原子炉等規正法改革案が成立
六月二五日	串間市議会が原発反対決議を撤回
七月　二日	福島第一原発でのプルサーマル計画に通産相が許可
七月一二日	**敦賀原発二号で大量の一次冷却水漏れ**
七月一三日	オーストリア議会が憲法に原発禁止を明記することを決議
九月一四日	プルサーマル用燃料の英核燃料公社での寸法データ捏造が判明
九月三〇日	**ＪＣＯ東海事業所臨界事故**
一一月一八日	柏崎原発でのプルサーマル計画一年延期を東京電力が決定
一一月三〇日	スウェーデンで原発の廃止がスタート
一二月一六日	関西電力が高浜原発プルサーマル用燃料の使用中止を決定
一二月二一日	ＪＣＯ東海事業所事故で被曝した大内久さんが死去

二〇〇〇年

二月二二日　三重県知事が芦浜原発計画を白紙撤回
三月二二日　「もんじゅ」訴訟に住民敗訴の一審判決
四月二七日　JCO東海事業所事故で被曝した篠原理人さんが死去
五月一六日　高レベル廃棄物処分法が成立
六月一五日　独政府と電力業界が脱原発合意
一〇月　六日　鳥取県西部地震
一〇月二七日　台湾首相が龍門原発の建設中止を表明
一一月二〇日　東海再処理工場が運転再開
一二月一九日　六ヶ所再処理工場に使用済み燃料の本格搬入開始
一二月二六日　刈羽村議会がプルサーマル住民投票条例案可決

二〇〇一年

一月　六日　中央省庁再編による新体制発足
一月三一日　台湾議会が龍門原発の建設続行を求める決議
二月一四日　台湾首相が龍門原発の建設続行を正式発表
五月二七日　刈羽村の住民投票でプルサーマル反対が過半数
六月　六日　「もんじゅ」の運転再開に向け改造の許可申請
六月一一日　独政府と主要電力四社が脱原発合意書に調印
七月一一日　露大統領が海外からの使用済み燃料受け入れを解禁する法案に署名
九月一一日　米中枢に航空機テロ、原発の警備強化
一一月　七日　**浜岡原発一号炉でECCS系配管が爆裂**
一一月一八日　海山町住民投票で原発誘致反対派が圧勝
一二月　四日　東海原発の解体に着手

二〇〇二年

八月二九日　**東京電力のトラブル隠し発覚**
一一月二九日　福島第一原発一号炉に一年間の運転停止処分

二〇〇三年

一月二七日　「もんじゅ」設置許可の無効を名古屋高裁金沢支部が確認判決（二〇〇五年五月三〇日、最高裁で逆転）
四月一五日　東京電力の原発一七基すべてが停止
六月二六日　むつ市長が使用済み燃料貯蔵施設の誘致を正式表明
一二月　五日　関西・中部・北陸電力が珠洲原発計画を「凍結」
一二月二四日　東北電力が巻原発計画を白紙撤回

二〇〇四年

八月　九日　**美浜原発三号炉で配管破断事故、五人死亡、六人が重火傷**
一二月二一日　六ヶ所再処理工場がウラン試験入り
一二月二六日　インド洋大津波

二〇〇五年

四月一九日　青森県六ヶ所村へのMOX燃料加工工場建設で、日本原燃と県、村が協定調印
五月一三日　放射性廃棄物のクリアランス制度導入などを定めた原子炉等規正法改正法案が成立
六月二八日　ITER建設地が仏のカダラッシュに決定
八月一六日　**宮城県沖を震源とする地震で女川原発の三基が停止**
一〇月　一日　日本原子力研究開発機構が発足（日本原子力研究所と核燃料サイクル開発機構が統合）
一〇月一一日　「原子力政策大綱」決定
一〇月一九日　青森県むつ市への使用済み燃料中間貯蔵施設建設で、東京電力、日本原子力発電と県、市が協定調印

二〇〇六年	
二月　六日	米エネルギー省がGNEP（グローバル原子力パートナーシップ）構想を発表
三月　八日	関西電力が久美浜原発計画の撤回を京丹後市長に回答
三月二四日	金沢地裁で志賀原発二号炉運転差し止め判決（二〇〇九年三月一八日、高裁で逆転）
三月三一日	六ヶ所再処理工場でアクティブ試験開始
八月　八日	「原子力立国計画」決定
九月一九日	耐震設計の新審査指針決定
二〇〇七年	
一月二五日	高知県東洋町長が独断で高レベル廃棄物処分場候補地調査に応募（四月二二日の町長選で反対派町長が誕生、二三日に撤回）
三月一五日	**志賀原発一号炉での臨界事故隠し発表**
三月二二日	**福島第一原発三号炉での臨界事故隠し（一九七八年一一月二日）発表**
三月二五日	**能登半島地震で志賀一、二号炉（停止中）が設計基準を超える揺れを観測**
三月三〇日	**電力各社が不正総点検の結果報告書**
七月一六日	**新潟県中越沖地震により柏崎刈羽原発でトラブル多発**
二〇〇八年	
一二月二二日	中部電力が浜岡原発一、二号炉の廃炉と六号炉の増設を決定
二〇〇九年	
一一月　五日	**玄海原発三号炉でプルサーマル臨界**
一二月二八日	柏崎刈羽原発七号炉が営業運転再開
二〇一〇年	
五月　六日	「もんじゅ」試運転再開
八月二六日	**「もんじゅ」で炉内中継装置落下**
二〇一一年	
三月一一日	**東日本大震災、福島第一原発メルトダウン事故**
四月	各地で脱原発集会、デモがはじまる
六月一五日	鎌田、澤地久枝、内橋克人記者会見。さようなら原発一〇〇〇万人署名運動がはじまる（呼びかけは内橋克人、大江健三郎、落合恵子、鎌田慧、坂本龍一、澤地久枝、瀬戸内寂聴、辻井喬、鶴見俊輔）
九月二九日	東京・明治公園、さようなら原発集会に六万人参加
二〇一二年	
五月　五日	国内原発五四基すべて停止（原発稼働ゼロ）
六月二二日	首相官邸・国会議事堂周辺で脱原発集会・デモ（三月末から、毎週金曜日開催）
七月　一日	大飯原発三号機が再起動
七月一六日	東京・代々木公園、さようなら原発集会に一七万人参加
七月二九日	国会包囲網キャンドルデモ

原子力資料情報室による（参考文献：原子力資料情報室編『原子力市民年鑑 2011-12』七つ森書館、二〇一二年。一部加筆修正）

あとがき

脱原発の声は、ますますつよく全国にひろがっている。大地震が襲来して、二度目の原発爆発事故と放射能大量放出犯罪が発生する前に、「とにかく原発を止めよう」という想いが、二〇一二年七月一七日、東京・代々木公園に一七万人の人びとを集めさせた。

六〇年安保反対闘争は、国会前に二〇万、三〇万の人びとを集めたが、そのときは総評労働運動の全盛期だった。社会党、共産党にもまだ力があり、学生運動も盛んだったので、組織動員が大部分を占めた。しかし、今度は市民運動を中心にして、地道に参加を訴え続けた。「さようなら原発10万人集会」は、巻末のチラシ転載にあるように、「原発はいらない！　この声で、代々木公園を埋め尽くそう」のスローガンを掲げ、全国をまわって参集を呼びかけた。

二〇一一年九月一九日、東京・明治公園に六万人以上が集まった大集会の成功以来、全国での脱原発運動は高揚してきた。それにたいして、野田政権は、全原発停止の状況がすすみ、原発がなくても、生活には困ることがない、むしろさっぱりした、安心できる日々を送れることが一日ごとにはっきりすることへの恐怖から、関西電力大飯原発の再稼働を強行させた。

主権者の明確な原発拒否の意志は、まっすぐに首相官邸にむかうようになった。毎週金曜日に首相官邸前に集まる人びとの声は、もう原発はいやだ、との想いの表現である。それは勿論、現在ただいまの危険を恐れるばかりではない。未来の子どもたちにたいする加害にこれ以上加担したくない想いと、利権まみれの核開発体制への拒否でもある。

野田首相は、原発問題は「国論を二分している」というが、それはとんでもない強がりで、二分(半々)どころか、八割以上は原発社会の継続への、NOである。

七月一七日の大集会以降、政権党である民主党内部に亀裂がはしり、枝野経産相は、「心情的には、明日にでも全部止めたい」といいだし、玄葉外相は「二〇四〇年原発ゼロ」といいはじめている。政府は将来のエネルギー政策を「二〇三〇年原発一五パーセント」を定めようとしているのだが、わたしたちは、「いま直ちに原発ゼロ」の要求である。

ドイツは二〇二二年原発ゼロ、イタリアも同じだが、日本列島にはいたるところに活断層が走っていてもなお、五四基もの原発を林立させた。クレージーな政権だった。独伊につづく、いち早い撤退がファッショ国として歴史に悪名を遺した日本政府の使命である。

アメリカのスリーマイル、旧ソ連のチェルノブイリ、日本のフクシマ、もうこれだけで十分だ。まして日本は、ヒロシマ、ナガサキ、第五福竜丸のあとにフクシマをもつ、世界最大の被曝国である。原爆もふくめた核と人類、核と自然は両立しない、と叫び、廃絶するのが、わたしたちの未来にたいする責務である。

二〇一二年八月、被爆記念の月に　　鎌田　慧

著者プロフィール

●鎌田 慧(かまた さとし)

1938年、青森県生まれ。新聞記者、雑誌編集者などを経て、フリーのルポライターに。これまで現代社会の諸相を凝視し、底辺の矛盾や歪みに肉薄するルポルタージュを数多く著す。「さようなら原発1000万人署名市民の会」呼びかけ人などを務める。

著書に『自動車絶望工場』(講談社文庫)、『原発列島を行く』(集英社新書)、『絶望社会　痛憤の現場を歩くⅠ、Ⅱ』『残夢　大逆事件を生き抜いた坂本清馬の生涯』(ともに金曜日)、『六ヶ所村の記録』『狭山事件』(ともに岩波現代文庫)、『日本の原発危険地帯』(青志社)、『全記録 炭鉱』『心を沈めて耳を澄ます』『反冤罪』(ともに創森社)ほか多数。

さようなら原発
1000万人
アクションの
ロゴマーク

さようなら原発《げんぱつ》の決意《けつい》

2012年9月3日　第1刷発行

著　　者――鎌田《かまた》 慧《さとし》

発 行 者――相場博也

発 行 所――株式会社 創森社
〒162-0805 東京都新宿区矢来町96-4
TEL 03-5228-2270　FAX 03-5228-2410
http://www.soshinsha-pub.com
振替00160-7-770406

組　　版――有限会社 天龍社

印刷製本――中央精版印刷株式会社

Printed in Japan　ISBN978-4-88340-273-1　C0036